U0311242

混凝土面板堆石坝抗震性能

Seismic Performance of Concrete-Faced Rockfill Dam

孔宪京 著

科学出版社

北 京

内 容 简 介

本书主要介绍作者在面板堆石坝抗震性能研究方面的成果,共 6 章,内容包括绪论、面板堆石坝的动力特性、面板堆石坝的地震响应、面板堆石坝的坝坡地震稳定、面板堆石坝地震破坏现象及其特征、面板堆石坝抗震对策。

本书可作为水利水电工程、土木工程及相关专业设计、施工和科研的参考用书,也可作为水工结构工程、防灾减灾工程、岩土工程专业的研究生教材和教学参考书。

图书在版编目(CIP)数据

混凝土面板堆石坝抗震性能 ＝ Seismic Performance of Concrete-Faced Rockfill Dam/孔宪京著. —北京:科学出版社,2015
ISBN 978-7-03-043231-5

Ⅰ.①混… Ⅱ.①孔… Ⅲ.①堆石坝-混凝土面板坝-抗震性能 Ⅳ.①TV641.4

中国版本图书馆 CIP 数据核字(2015)第 022585 号

责任编辑:吴凡洁 / 责任校对:桂伟利
责任印制:徐晓晨 / 封面设计:耕者设计工作室

科 学 出 版 社 出版
北京东黄城根北街 16 号
邮政编码:100717
http://www.sciencep.com

北京厚诚则铭印刷科技有限公司 印刷
科学出版社发行 各地新华书店经销
*
2015 年 1 月第 一 版 开本:720×1000 1/16
2017 年 1 月第三次印刷 印张:15 1/2
字数:302 000
定价:98.00 元
(如有印装质量问题,我社负责调换)

前　言

混凝土面板堆石坝是年轻而富有竞争力的坝型。由于这种坝型的安全性和经济性良好，特别能适应不良的气候条件、地形条件和地质条件。这种坝型的优势还在于软岩、特硬岩和砂砾石都可以作为坝体填筑料，还可以充分利用枢纽中各种建筑物的开挖料来填筑坝体，尽量做到挖填平衡，可大大节省投资，利于环境保护。而且，混凝土面板堆石坝工程量相对较小、建设速度快、易于维修，经常成为坝工界的首选坝型。20世纪60年代末，随着现代施工技术的发展和重型振动碾的出现，面板堆石坝便以惊人的速度在数量和高度上得以长足的发展。

我国的水能资源80%以上分布在西部地区，而我国西部地区断层发育多，地震环境复杂，是我国主要强地震区，地震的强度和发震频度都很高。在如此复杂地震区修建面板堆石坝，需要对面板堆石坝的抗震性能有充分认识。

自"七五"以来，混凝土面板堆石坝的关键技术就连续列入国家科技攻关计划和国家自然科学基金课题。作者在博士学位论文《混凝土面板堆石坝抗震性能研究》的撰写过程中，以国家"七五"建设项目——天生桥一级水电站面板坝工程和关门山面板坝为典型实例，在面板坝筑坝材料动力变形特性、地震作用下面板坝破坏性态及面板坝动力计算方法和抗震措施等方面进行了研究。1984～1992年先后三次(约3年)获得日本学术振兴会(JSPS)、日本东京大学生产技术研究所奖励基金资助，受聘为客座研究员、博士研究员，在日本东京大学生产技术研究所主要从事土石填筑坝地震破坏机理研究。回国后主持完成了国内第一台三自由度水下振动台和采用先进测试技术的高精度大型三轴仪，指导研究生在面板堆石坝动力分析方法、动力反应特性和抗震措施方面开展了一系列研究工作。

本书总结了作者在面板堆石坝抗震性能方面的研究成果，主要包括绪论、面板堆石坝的动力特性、面板堆石坝的地震响应、面板堆石坝的坝坡地震稳定、面板堆石坝地震破坏现象及其特征、面板堆石坝抗震对策。希望本书能够抛砖引玉，对国内同行的教学、科研和面板堆石坝的抗震设计起到借鉴和帮助作用。

在编写过程中，大连理工大学工程抗震研究所邹德高教授、刘君教授、徐斌副教授、周晨光工程师、周扬博士、刘福海博士以及博士研究生刘京茂、张宇、余翔等在多方面给予了大力支持和帮助。在此，作者对他们深表感谢！

　　本书的研究工作得到国家自然科学基金重点项目(编号:51138001)、国家自然科学基金创新研究群体项目(编号:51421064)、国家自然科学基金重大计划集成项目(编号:91215301)、国家自然科学基金面上项目(编号:51379028,51279025)的资助,在此表示感谢!

　　由于作者水平和经验所限,书中难免存在不足之处,敬请同行和读者批评指正。

孔宪京

2014 年 11 月

目　　录

前言

第1章　绪论 ·· 1

1.1　混凝土面板堆石坝简介 ·· 1

1.2　国内外高混凝土面板堆石坝现状 ·································· 2

 1.2.1　国外情况 ·· 2

 1.2.2　国内情况 ·· 3

1.3　地震中面板堆石坝的表现及其震害 ······························ 3

参考文献 ·· 7

第2章　面板堆石坝的动力特性 ·· 8

2.1　面板堆石坝振动台模型试验方法 ································ 8

 2.1.1　模型相似技巧 ·· 8

 2.1.2　模型设计原则 ·· 10

 2.1.3　模型材料选择和研制 ······································ 10

 2.1.4　模型试验的新测试技术 ···································· 10

 2.1.5　模型制作和试验方法 ······································ 12

2.2　面板堆石坝的动力特性试验 ···································· 13

 2.2.1　关门山面板堆石坝现场弹性波试验 ···················· 13

 2.2.2　微振时面板堆石坝的动力特性 ·························· 29

参考文献 ·· 45

第3章　面板堆石坝的地震响应 ·· 46

3.1　面板堆石坝动力分析方法 ·· 46

 3.1.1　动力反应控制方程及求解 ································ 46

 3.1.2　面板堆石坝分析中的单元类型 ·························· 54

 3.1.3　面板堆石坝分析中的本构模型 ·························· 60

 3.1.4　动力反应分析方法 ·· 63

 3.1.5　永久变形分析方法 ·· 65

3.2　面板堆石坝的地震响应特性分析 ································ 68

 3.2.1　模型及参数 ·· 69

 3.2.2　堆石体加速度分布规律及坝坡稳定加固范围划定 ······ 74

 3.2.3　防渗面板应力分布特性及高应力区划定 ··············· 80

　　　3.2.4　面板动力损伤分析 ………………………………………… 86

　参考文献 ………………………………………………………………… 97

第4章　面板堆石坝的坝坡地震稳定 ……………………………………… 101

　4.1　拟静力地震稳定分析方法 ………………………………………… 102

　　　4.1.1　瑞典法 …………………………………………………… 102

　　　4.1.2　简化毕肖普法 …………………………………………… 104

　　　4.1.3　通用条分法 ……………………………………………… 104

　4.2　有限元动力稳定分析 ……………………………………………… 105

　　　4.2.1　计算方法 ………………………………………………… 105

　　　4.2.2　有限元动力稳定和滑移变形分析 …………………… 107

　　　4.2.3　基于块体滑移法的紫坪铺大坝面板错台分析 …… 115

　　　4.2.4　考虑堆石料软化特性的坝坡动力稳定滑移变形分析 … 121

　参考文献 ………………………………………………………………… 130

第5章　面板堆石坝地震破坏现象及其特征 …………………………… 132

　5.1　面板堆石坝模型破坏性态及破坏机理 ………………………… 132

　　　5.1.1　强震时面板堆石坝的破坏性态 …………………… 132

　　　5.1.2　典型面板堆石坝三维振动台试验 ………………… 144

　　　5.1.3　面板错台 ………………………………………………… 161

　5.2　面板堆石坝模型破坏试验数值仿真分析 ……………………… 168

　　　5.2.1　DDA方法的基本原理及其改进 …………………… 169

　　　5.2.2　数值仿真分析 ………………………………………… 181

　参考文献 ………………………………………………………………… 184

第6章　面板堆石坝抗震对策 …………………………………………… 186

　6.1　引言 ………………………………………………………………… 186

　6.2　土石坝抗震措施模型试验 ………………………………………… 186

　　　6.2.1　模型设计 ………………………………………………… 186

　　　6.2.2　坝料粒径对坡面临界加速度的影响 ……………… 190

　　　6.2.3　合理减缓坝坡 …………………………………………… 190

　　　6.2.4　坝顶宽与上游面板稳定 ……………………………… 193

　　　6.2.5　建议的一种断面形式 ………………………………… 196

　　　6.2.6　加筋土和钉结护面板技术以及材料改性技术 …… 198

　6.3　土工格栅抗震措施分析 …………………………………………… 213

　　　6.3.1　计算模型及参数 ……………………………………… 213

　　　6.3.2　地震动输入 …………………………………………… 216

　　　6.3.3　计算结果与分析 ……………………………………… 216

6.4　钉结护面板抗震措施分析 ·· 218

　　6.4.1　考虑钢筋作用的坝坡稳定和滑移计算方法 ·············· 219

　　6.4.2　计算模型与参数 ·· 219

　　6.4.3　地震动输入 ··· 220

　　6.4.4　计算结果与分析 ·· 221

6.5　面板高地震应力降低措施分析 ·· 223

　　6.5.1　面板坝轴向抗挤压措施研究 ·································· 223

　　6.5.2　面板顺坡向地震高拉应力降低措施 ·························· 232

6.6　高面板堆石坝工程抗震措施应用 ···································· 237

　　6.6.1　卡基娃面板堆石坝 ·· 237

　　6.6.2　茨哈峡砂砾石面板坝 ··· 238

　　6.6.3　古水面板堆石坝 ·· 239

参考文献 ·· 239

第1章 绪 论

1.1 混凝土面板堆石坝简介

混凝土面板堆石坝是以堆石体为支承,并在其上游表面设置混凝土面板为防渗结构的一种堆石坝,常简称"面板堆石坝"或"面板坝"。它仍属土石坝范畴(傅志安和凤家骥,1992),其典型的结构形式如图 1.1 所示。

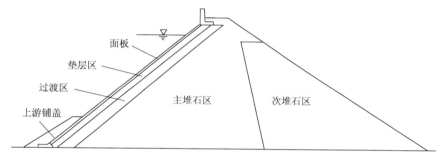

图 1.1　典型的面板堆石坝结构形式

早期修建的面板坝,由于采用的是较古老的施工方法,堆石难以达到较高的密实度,蓄水后往往引起坝体的沉陷变形,导致面板及接缝的开裂,渗漏严重,这一难题使面板坝的发展一度处于停顿状态。20 世纪 60 年代末,随着现代施工技术的发展和重型振动碾的出现,面板坝的潜在优势越来越为人们所认识。由于这种坝型具有造价低、工期短、施工方便、导流简便、运行可靠等优点,国内外坝工专家都肯定了它的良好发展前景。事实也正是如此,70 年代后,面板坝便以惊人的速度在数量和高度上得以长足的发展。如 1971 年澳大利亚建成的 Cathana 坝(110m),1974 年哥伦比亚建成的 Alto Anchieaya 坝(140m),1980 年巴西的 Foz Do Areia 坝(160m)等,都是当时相当成功的范例。在我国,面板坝的研究虽然起步较晚,但发展速度却是空前的,目前我国的水布垭面板堆石坝最大坝高达到233m,为世界已建最高面板堆石坝。

1.2　国内外高混凝土面板堆石坝现状

1.2.1　国外情况

从 1895 年美国建成世界上第一座混凝土面板堆石坝——54m 高的莫尔那 (Morena) 坝，至今已有 100 多年的历史。据有关资料，到 2008 年年底，国外已建坝高 30m 以上的面板堆石坝约 275 座，坝高 150m 以上的约 10 座，最高的是马来西亚巴贡 (Bakun) 坝，高 203.5m。拟建最高的是菲律宾阿格布鲁 (Agbulu) 坝，高 234m。已建、在建和拟建 150～200m 级高面板堆石坝的初步统计情况见表 1.1。

表 1.1　国外部分已建、在建和拟建高面板堆石坝统计表

工程名称	所在国家	建设情况	完建时间/年	坝高/m	坝长/m	坝体方量/$10^4 m^3$
新国库 (New Exchequer)	美国	已建	1966	150	427	400
阿里亚 (Foz Do Areia)	巴西	已建	1980	160	828	1400
阿瓜米尔巴 (Aguamilpa)	墨西哥	已建	1993	186	660	1270
亚肯布 (Yacambu)	委内瑞拉	已建	1996	162	150	300
米苏可拉 (Messochora)	希腊	已建	1996	150	—	1400
巴拉格兰德 (Barra Grande)	巴西	已建	2005	185	665	1186
坎普斯诺沃斯 (Campos Novos)	巴西	已建	2006	202	590	1211
埃尔卡洪 (El Cajón)	墨西哥	已建	2007	186	550	1030
卡拉纽卡 (Kárahnjúkar)	冰岛	已建	2007	198	730	960
巴贡 (Bakun)	马来西亚	已建	2008	203.5	750	1650
马扎尔 (Mazar)	厄瓜多尔	在建	—	166	340	480
南怒河 2 (Nam Ngum 2)	老挝	在建	—	182		
索加莫索 (Sogamoso)	哥伦比亚	在建	—	190		
西塞蒂 (West Seti)	尼泊尔	在建	—	195		
拉耶什卡 (La Yesca)	墨西哥	拟建	—	205		
波尔塞Ⅲ (Porce Ⅲ)	哥伦比亚	拟建	—	151	400	410
拉帕洛塔 (La Parota)	墨西哥	拟建	—	163	—	1200
派克罗 (Pai Quere)	巴西	拟建	—	150	—	1400
锡安米德尔 (Siang Middle)	印度	拟建	—	190	500	1600
阿格布鲁 (Agbulu)	菲律宾	拟建	—	234	—	2100

1.2.2 国内情况

1985 年国家启动坝高 95m 的西北口面板堆石坝工程，以此作为试点，中国开始修建现代面板堆石坝。据不完全统计，截至 2009 年年底，国内已建坝高 30m 以上面板堆石坝约 170 座，其中坝高 150m 以上的约 7 座。已建、在建和拟建 150～200m 级高面板堆石坝的初步统计情况见表 1.2。

表 1.2 国内已建、在建和拟建 150～200m 级高面板堆石坝统计表

工程名称	所在位置	建设情况	完建时间/年	坝高/m	坝长/m	坝体方量/10⁴m³
天生桥一级	贵州/广西南盘江	已建	2000	178	1104	1800
洪家渡	贵州六冲河	已建	2005	179.5	427.79	909
紫坪铺	四川岷江	已建	2006	158	663.77	1117
吉林台一级	新疆喀什河	已建	2006	157	445	836
三板溪	贵州清水江	已建	2007	185.5	423.75	830
水布垭	湖北清江	已建	2008	233	660	1526
滩坑	浙江瓯江支流小溪	已建	2008	162	507	955
巴山	重庆任河	在建	—	155	477	—
董箐	贵州北盘江	在建	—	150	678.63	1016
马鹿塘二期	云南盘龙河	在建	—	154	493.4	700
江坪河	湖北溇水	在建	—	219	414	704
卡基娃	四川木里河	在建	—	171	321	586
梨园	金沙江中游	在建	—	155	525	778
猴子岩	四川大渡河	拟建	—	223	283	980
姚家坪	湖北清江	拟建	—	179.5	382	640
阿尔塔什	新疆叶尔羌河	拟建	—	163	—	—
溧阳蓄能上库	江苏溧阳	拟建	—	165	1112	1580
龙背湾	湖北官渡河	拟建	—	158.3	465	695
牛牛坝	四川美姑河	拟建	—	155	333	456

我国已建面板堆石坝几乎遍布全国各地，涉及各种不利的地形、地质条件和气候条件，工程设计建设总体是成功的，积累了应对各种困难情况的经验和教训。中国面板堆石坝，无论在数量上，还是在坝高和规模上，都处于世界前列。

1.3 地震中面板堆石坝的表现及其震害

与其他土石坝坝型(如心墙坝)相比，面板坝数量较少，且运行时间短，遭遇地

震考验和震害的实例较罕见,目前,世界上也只有几座面板坝经受过较强地震作用,其中紫坪铺坝、智利的 Cogoti 坝、日本的皆赖(Minase)坝、秘鲁的 Malpasse 坝及美国的 Cogswell 坝比较典型。

1. 紫坪铺面板坝(陈厚群等,2008;陈生水等,2008;孔宪京等,2009;孔宪京和邹德高,2014)

紫坪铺面板堆石坝,坝高 156m,汶川地震时距震中 17km,至主断裂 8km。设计地震加速度为 0.26g,但汶川地震时估计坝基加速度在 0.55g 左右,即大坝按 8 度设防,但经受了 10~11 度地震的考验。地震时的水库水位在 830m 高程左右,位于正常蓄水位以下 47m。大坝的主要震害表现为:①较大的地震变形。地震后坝顶瞬间沉降 683.9mm,5 天后增至 744.3mm,850m 高程处测得的最大沉降量达810.3mm。地震产生的向下游方向的水平位移在 854m 高程处达到 270.8mm。坝顶指向河谷方向的最大水平位移达 226.1mm。大坝震陷现象如图 1.2 所示。②面板的局部开裂、脱空与破损。紫坪铺大坝 845m 高程二、三期混凝土面板施工缝处错开,最大错台达 17cm,涉及 26 块面板,总错台长度达 340m。陡峭左岸坝肩处 5#~6# 面板与河谷中部 23#~24# 面板结构缝严重挤压破碎,不少面板发生局部挤压破碎。面板破坏现象如图 1.3 所示。③面板与河岸相接的周边缝发生错位,最明显的是右坝肩靠近河床底部 745m 高程处的三向测缝计测得的接缝沉降、张开与剪切位移分别从震前的 10.82mm、6.03mm 和 9.08mm 增至震后的53.86mm、34.89mm 和 58.39mm。大坝的渗流量无明显变化。

图 1.2　紫坪铺大坝地震后的震陷现象

 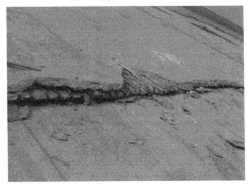

(a) 挤压破坏 　　　　　　　　　　(b) 面板错台

图 1.3　紫坪铺大坝混凝土面板破坏现象

2. Cogoti 面板坝(Luis et al.,1985;韩国城和孔宪京,1996)

智利的 Cogoti 面板堆石坝建成于 1938 年,位于智利圣地亚哥北部约 275km。该坝采用早期的抛投式,堆石料由安山角砾岩定向爆破堆后抛填完成。坝高 85m,坝顶长 160m,坝顶宽 8m,上游坝坡平均 1:1.4,下游坝坡 1:1.5。上游面采用不透水的混凝土面板进行防水,面板被分成多块 10m×10m 的平板,接头处采用 60cm 宽的铜止水并用铆钉连接。工程于 1938 年建成,运行期曾经历四次大地震。其中以 1943 年的 7.9 级地震影响最大。地震后分析,坝基地表最大加速度为 0.15g～0.30g,当地表最大加速度为 0.19g 时,坝上部 1/3 的坝体的最大加速度为 0.37g。1943 年的地震使坝顶产生 38.1cm 的沉降,约相当于震前 4.5 年沉降量之和,并在沉降曲线上形成突变(图 1.4)。以后几次地震基本没有影响。而且这次地震引起的瞬时沉降,使长期沉降曲线产生了突变,以后 3 次地震坝顶没有明显的瞬时变形。抛填式堆石变形较大,导致横缝、竖缝和周边缝漏水;地震时坝顶和下游坡块石有错动和滚落现象,震后下游边坡由原来的 1:1.5 变成 1:1.65,且中间坝段的坝顶发现纵向裂缝;坝顶附近面板的下游面因其沉降而造成悬空外露,面板上部的纵缝由于挤压使接缝处混凝土出现了一些破碎现象,缝中沥青填料被挤出,但水面以上面板的接缝还是完整的。

3. 皆濑面板坝(韩国城和孔宪京,1996)

日本的皆濑坝采用抛填水冲法填筑,坝高 66.5m,1963 年建成,上游坝坡 1:1.35,下游坝坡 1:2.0,至 1983 年共经历过 6 次地震。在 1964 年男鹿地震中坝体沉降为 0.7cm,新潟地震使面板接缝轻微损伤,坝顶路面开裂,坝体沉降 6.1cm,水平变位 4cm,渗漏量由地震前的 90L/s 增加到 220L/s;在此之后的几次

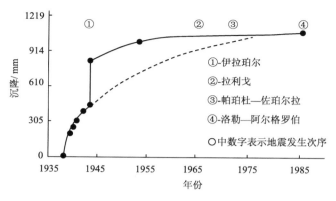

图 1.4　Cogoti 坝顶沉降曲线

地震中,均未发生明显的破坏。

4. Malpasse 坝(韩国城和孔宪京,1996)

秘鲁的 Malpasse 坝为抛填式面板坝,坝高 78m,上游面板下方用人工或起重机干砌堆石,坝坡为 1∶1.5,面板最大厚度为 0.61m。1938 年遭遇地震,估计坝址处最大地面加速度为 0.1g。地震使坝体沉降 7.6cm,向下游水平位移 5.1cm。1958 年又一次受到地震的影响,坝体产生 3.2cm 的沉降并向下游变形 5.8cm。

5. Cogswell 面板堆石坝(Boulanger et al.,1993,1995)

Cogswell 面板堆石坝建于 1935 年,位于加利福尼亚州 Whittier 市北部 32km,坝高约 85m。抛填堆石是级配良好的花岗片麻岩。上游坝坡是 1∶1.25。下游坝坡是 1∶1.3、1∶1.5 与 1∶1.6。

Cogswell 坝经历了 1987 年的 Whittier Narows 地震和 1991 年的 Sierra Madre 地震,震级分别为 5.9 和 5.8,震中分别位于坝西南方向 28.8km 和西北方向 3.7km。Cogswell 坝在 Whittier Narows 地震中未见明显震害。在 Sierra Madre 地震中,不仅在坝顶路面出现了轻微的横向细微裂缝和胸墙上三个接缝位置处的竖向裂缝,而且混凝土面板沿两侧坝肩靠近混凝土防渗墙部位发生裂缝,最大裂缝宽度 12.7mm。

Whittier Narows 地震中,右侧坝肩、右侧坝顶和中央坝顶的顺河向最大地震动加速度分别为 0.06g、0.1g 和 0.15g,加速度放大倍数约为 2.4。Sierra Madre 地震中,右侧坝肩、右侧坝顶和中央坝顶的顺河向最大地震动加速度分别为 0.26g、0.32g 和 0.42g,加速度放大倍数约为 1.6。

参 考 文 献

陈厚群,徐泽平,李敏. 2008. 汶川地震与大坝安全. 水利学报,39(10):1158-1167

陈生水,霍家平,章为民. 2008. 汶川"5.12"地震对紫坪铺混凝土面板堆石坝的影响及原因分析. 岩土工程学报,30(6):795-801

傅志安,风家骥. 1992. 混凝土面板堆石坝. 武汉:华中科技大学出版社

韩国城,孔宪京. 1996. 混凝土面板堆石坝抗震研究进展. 大连理工大学学报,(06):74-86

孔宪京,邹德高. 2014. 紫坪铺面板堆石坝震害分析与数值模拟. 北京:科学出版社

孔宪京,邹德高,周扬,等. 2009. 汶川地震中紫坪铺混凝土面板堆石坝震害分析. 大连理工大学学报,49(05):667-674

Boulanger R W, Bray J D, Merry S M, et al. 1993. Dynamic response analyses of cogswell Dam during the 1991 Sierra Madre and 1987 Whittier//Proceedings of Seminar on Seismological and Engineering Implications of Recent Strong-motion Data,Sacramento

Boulanger R W, Bray J D, Merry S M, et al. 1995. Three-dimensional dynamic response analysis of Cogswell Dam. Canadian Geotechnical Journal,(32):452-464

Luis A, Ismael I, Guillermo N. 1985. Performance of Cogoti Dam under seismic loading//Concrete Face Rockfill Dams—Design, Construction and Performance. ASCE, New York

第 2 章   面板堆石坝的动力特性

随着电子计算机与计算方法的发展,土石坝动力数值分析取得了重要进展,由最早的基于弹性变形分析的剪切梁法发展到能够考虑多种因素的非线性有限元法。利用这些方法进行土石坝动力分析,可以得到地震时坝体的加速度、动应力等动力反应,据此进一步估算坝体的地震稳定或永久变形。然而,由于土石填筑材料性质复杂,与计算模型有关的物理参数选定困难,计算成果往往存在许多不确定性,所以理论分析模型与成果需要得到原型观测(包括地震灾害调查)和模型试验的检验。由于通过原型地震观测取得比较完整的坝体动力反应资料并不容易,且原型观测设备及管理和维护费用昂贵,所以室内模型试验自然受到国内外许多学者的重视。面板堆石坝由大量散粒体材料堆筑的坝体和防渗体构成,结构尺寸和变形模量相差悬殊,而且土石材料呈现强非线性,因此,模型试验方法和测试技术水平是模型试验成败的关键。作者课题组从模型试验的相似理论入手,与信息技术和图像技术交叉融合,提出了面板堆石坝振动台模型试验方法,提高了面板堆石坝模型试验的测试水平。

2.1   面板堆石坝振动台模型试验方法

2.1.1   模型相似技巧

堆石料等散粒体材料在动荷载作用下的动剪切模量和阻尼比随剪应变幅呈非线性变化,所以建立完全满足相似条件的面板堆石坝振动台模型是十分困难的,只能放弃或部分放弃某些相似条件,用与原型相同的填筑材料,在几何相似的前提下,尽可能使被观测的主要物理量满足相似条件。结构动力模型试验有三种基本相似换算关系(林皋,1958;林皋和林蓓,2000),适用于不同的情况。

1. 弹性相似律

在研究结构的自振频率与振动模态等振动特性时,可以保持惯性力与弹性恢复力的相似,即

$$\lambda_\rho \lambda_l^3 \lambda_a = \lambda_F$$

又有

$$\lambda_a = \frac{\lambda_u}{\lambda_t^2}$$

$$\lambda_u = \lambda_\varepsilon \lambda_l（几何相似条件）$$

$$\lambda_\sigma = \lambda_\varepsilon \lambda_E（物理相似条件）$$

$$\lambda_F = \lambda_\sigma \lambda_l^2（边界相似条件）$$

式中，λ_ρ 为密度比尺；λ_l 为长度比尺；λ_a 为加速度比尺；λ_F 为外力比尺；λ_u 为变形比尺；λ_t 为时间比尺；λ_E 为弹性模量比尺；λ_σ 为应力比尺；λ_ε 为应变比尺。联合以上几式可得

$$\lambda_t = \lambda_l \sqrt{\frac{\lambda_\rho}{\lambda_E}} \qquad (2.1)$$

这是弹性相似律的要求。

2. 重力相似律

若在模型设计中主要保持振动惯性力与重力的比例相同，则结构加速度比尺 λ_a 与重力加速度比尺 λ_g 相同，即 $\lambda_g = \frac{\lambda_u}{\lambda_t^2}$，由 $\lambda_g = 1$ 和 $\lambda_\varepsilon = 1$ 可得

$$\lambda_t = \sqrt{\lambda_l} \qquad (2.2)$$

这是重力相似律的要求。

3. 弹性-重力相似律

许多情况下重力对结构的振动变形产生重要影响，同时还要考虑弹性恢复力的作用，这时模型相似条件要同时满足式(2.1)和式(2.2)。联合两式可得

$$\lambda_E = \lambda_\rho \lambda_l \qquad (2.3)$$

这是弹性-重力相似律的要求。

由于土石料的强非线性性质，土工建筑物动力模型的相似关系一直被认为是一个难以解决的问题。通过二十多年的土石坝动力模型试验的实践发现，在微震情况下，土石坝在宏观上具有连续弹性体的性质，振动变形基本上可以恢复，不可逆变形只占很小的比例。因此，在微震试验中可以采用弹性相似关系进行模型和原型间的相似换算。但是，随着激励加速度的增大，土石料表现出强非线性性质，使土工建筑物的加速度分布逐渐趋于均化，在接近破坏阶段时，土石坝坝顶与坝基加速度的比值趋近于 1.0，即坝体各部分的剪切模量（或弹性模量）及其分布对接近破坏时坝体加速度分布的影响基本上可以忽略不计。土石坝原型观测的结果及地震响应分析的数值结果都证实了这一现象。因此，为了研究土工建筑物在强震时的破坏形态或破坏程度，从满足工程需要的精度出发，可以采用重力相似关系。

作者课题组的研究不但关注面板堆石坝的自振特性和动力响应，更关心坝体的地震破坏机理与抗震加固措施。因此，采用相对严格的弹性-重力相似律来设计模型、选择和研制模型材料。

2.1.2　模型设计原则

在兼顾一般面板堆石坝的几何形状、筑坝材料的力学性质以及振动台的实际工作能力的情况下,模型试验采用以下设计原则。

（1）面板堆石坝一般修建在基岩较好的河谷上,因此,在模型设计时,坝基按刚性处理。

（2）混凝土面板的密度一般为 2.4g/cm³,堆石料的密度一般为 1.9～2.2g/cm³,其比值为 1.2 左右。为了能较好地反映出面板惯性力对堆石体的作用,二者密度的比值应尽可能接近上述值。试验中,堆石料的密度可以取为 1.85g/cm³,面板的密度可取为 2.2g/cm³。

（3）满足模型与原型几何相似关系。

（4）在满足重力相似律前提下,尽量满足弹性相似律。

（5）根据弹性力相似的原则确定面板材料的强度和弹性模量。

2.1.3　模型材料选择和研制

1. 模型堆石料的选配

由于很难选择一种完全满足相似关系要求的模型材料,在模型试验中一般应用原型材料作为坝体填筑材料,以保证材料的应力-应变特性和其他力学特性与原型相似。采用相似级配法确定坝体堆石料的级配,注意材料最大粒径的选择,除了与模型箱的尺寸、研究对象属于平面问题还是空间问题以及插入坝体的结构物尺寸有关,还需考虑测定模型材料力学特性的现有设备条件,并进行大型三轴试验,确保模型材料的主要力学指标在合理范围内。

2. 模型面板材料的研制

相似面板材料需通过大量配比试验以及构件材料试验研制而成,满足模型面板的弹性-重力相似律的要求,具有低弹性模量、低强度、高密度的特点,并尽可能具有早强的特性,有利于缩短试验时间,提高效率。

2.1.4　模型试验的新测试技术

为监测坝体的动力响应、坝体的变形、面板的开裂,可采用多种先进的测试技术,主要包括高速摄影、颗粒图像速度（particle image velocimetry,PIV）识别技术、分布式光纤光栅应变传感器。数据采集系统如图 2.1 所示。

图 2.1　数据采集系统

1-主机；2-采集板；3-显示器；4-光纤分析仪；5-高清摄像机；6-图像采集及存储工作站

1. 图像识别软件的开发

对于堆石料等散粒体材料，位移量测是非常困难的，常规的位移传感器或光学位移计都无法监测数目如此多颗粒的运动过程。目前只有图像识别技术可以解决超多数量颗粒运动过程的跟踪。试验中，在模型的正前方和模型下游侧均布置高速高清摄像机，采集模型坝的变形和坝面颗粒运动过程。高速高清摄像机的采样频率为 25Hz，图像分辨率为 4096×3072（1200 万像素）。通过对比不同的成像设备可知，对于大比尺动力模型试验，图像的分辨率是关键因素，因此选择高分辨率的高速工业相机。随之而来的就是数据存储问题，对于每秒 300M 的数据流，采用磁盘阵列才能满足要求，因此设计了专门的服务器，并配置大容量内存以及大容量高速硬盘分别作为临时和永久写入设备。为降低振动台的振动对相机的影响，提高图像质量，设计了叠层橡胶减震体系。

作者课题组开发了颗粒图像速度识别软件，其后处理模块如图 2.2 所示。该

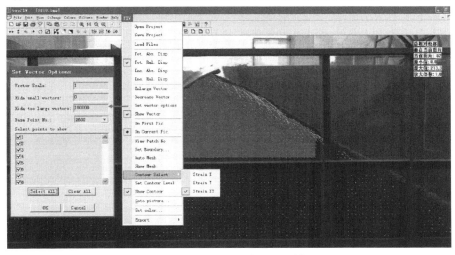

图 2.2　PIV 分析系统后处理模块

模块能以多种方式处理多种格式的图片,并可一次性处理试验的所有图像。针对面板堆石坝振动台模型试验,开发了位移场、速度场、应变场的图形显示及矢量图形的输出。

2. 分布式光纤光栅传感器的应用

以往对面板变形和开裂的监测多采用肉眼观察或贴应变片的方法进行。近些年来,作者课题组采用了分布式光纤光栅传感器,便于更准确地测量裂缝出现的时刻和位置,而且具有体积小、工作稳定性好、易于安装、可串联使用等优点。在试验中,具体采用可直接埋入的分布式光纤光栅传感器,如图2.3所示。

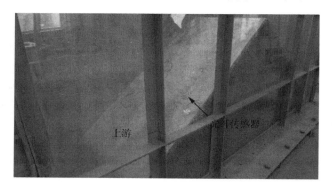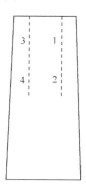

图 2.3　分布式光纤光栅传感器布置
1、2、3、4 代表传感器的布置位置

2.1.5　模型制作和试验方法

1. 模型制作

在堆筑模型坝时,为了保证每个模型坝压实密度和堆筑质量基本一致,以减少离散性,模型由专人制作。二维模型坝制作过程为:①每层铺料厚度为10cm,用人工压实,按规定位置埋置加速度计,直到坝堆筑完毕。②然后分两次铺垫层料,每层1.2~1.4cm,并用木方平整,压实,垫层厚2.5cm。③最后用专用模具把预先在特制平台上浇筑好的面板移放到垫层上,拆掉模具,贴应变片。若采用砂浆面板或相似面板,则面板不预先制作,而是在垫层上直接抹面板,使面板和垫层料黏合在一起,养护后再挖槽、埋入光纤光栅传感器,用相同材料覆盖并修理平整,最后进行试验。三维模型坝制作方法大致相同,只是在面板分缝时,缝间用塑料薄膜隔开,每块面板宽10cm。

满库试验时将塑料薄膜水袋放在上游,然后注水,以模拟库水。

实践表明,用上述方法制作的模型,模型坝容重基本上能得到控制。相同试验条件下,模型坝实测结果具有较好的一致性。

2. 试验方法

试验一般分微震试验和破坏试验两部分。

微震时除了采用微幅正弦波扫频测定模型坝基频,测出不同频率下坝内加速度反应,还采用微幅不规则波激振,由频谱分析仪分析模型坝的频率和振型。这是因为用微幅正弦波激振搜寻模型坝共振频率需要一定的时间,而且共振时坝顶加速度反应较大,对破坏加速度较低的模型坝,这种方法容易损伤模型。

破坏试验采用正弦波激振,在固定的某一激振频率下逐渐增大振动台输入,直至模型面板发生断裂。采用随机波进行破坏试验时,随机波幅值逐级增加,每级增加 0.1g,直至面板断裂。

2.2　面板堆石坝的动力特性试验

2.2.1　关门山面板堆石坝现场弹性波试验

人工开采的碎石和天然砾石(统称砾石料)是面板堆石坝主要的筑坝材料。与黏性土和砂相比,砾石料动力变形和强度试验难度很大,即使在静载条件下进行试验也不是一件容易的事。研究砾石料动力变形特性主要有两条途径:一是现场弹性波试验。通过实测的弹性波在堆石中的传播速度可确定微应变条件下动剪切模量及不同填筑材料和密度对动剪切模量的影响。二是室内试验(包括三轴仪、共振柱等)。由于受试验设备的限制,原样试验几乎是不可能的,所以由模拟材料得到的试验结果在多大程度上可以代表原样材料是需要考虑的内容。此外,原样砾石料颗粒间构造安定,而室内试验时,试样的制作方法、试样扰动后对其强度和变形的影响等也都必须加以考虑。为了较好地把握堆石料动力变形特性,为面板堆石坝动力分析时材料参数选取提供依据,作者结合关门山面板坝工程,进行了堆石体内弹性波速现场试验,并对实测结果进行数值计算验证,在与国外同类试验成果及大型动三轴仪试验成果的广泛比较后,给出堆石材料动力变形参数取值的实用经验范围。

1. 试验简况

1) 试验坝概况

现场观测试验在关门山面板堆石坝工地进行,大坝的平面和断面分别如图 2.4 和图 2.5 所示。坝体主要参数见表 2.1(试验时大坝主体填筑工作仍在进行,坝高已达 53.5m,占总坝高的 91%)。

　　图 2.4 中的 A、B 两条点划线是现场试验的实测断面,①~⑧是爆破试验时的测点,C 点是下游爆破点。图 2.5 给出了坝体材料分区,筑坝料是人工开采的安山岩碎石,其材料级配曲线如图 2.6 所示。坝体堆石施工采用振动薄层碾压方法。每填筑 0.7~0.8m 用 13.5t、1600r/min 的振动碾反复碾压 6~8 遍,碾压后堆石体的平均干密度达到 2.1g/cm³ 左右,孔隙比为 0.25~0.3。

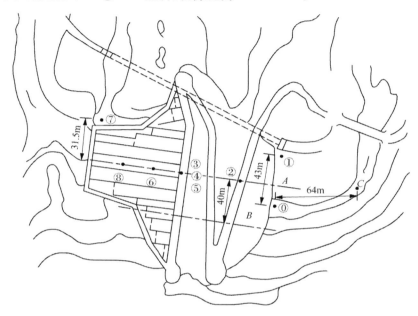

图 2.4　关门山面板坝平面图

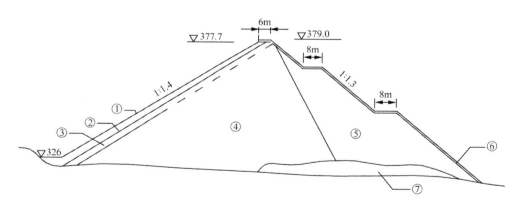

图 2.5　关门山面板坝断面图
①-混凝土面板;②-碎石垫层;③-过渡层;④-主堆石体;⑤-下游堆石体;
⑥-干砌面护坡;⑦-河床砂砾石

表 2.1　坝体主要参数

坝型		混凝土面板堆石坝
大坝主要尺寸	坝顶高程/m	379.0
	最大坝高/m	58.5
	坝顶宽/m	6.0
	坝顶长/m	183.6
	坝底宽/m	169.0
	坝坡	上游 1 : 1.4
		下游 1 : 1.3,平均 1 : 1.59
基础岩性		安山岩
坝体土石方量/m³		44×10^4

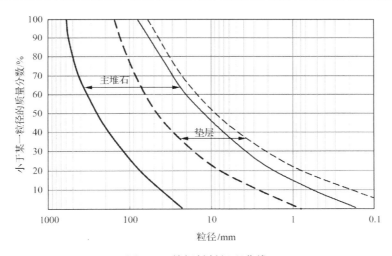

图 2.6　筑坝材料级配曲线

2）试验内容及测试方法

试验采用击板法和爆破法产生人工震源,利用 701 型拾振器对振动信号进行拾振,经放大器放大后记录在 SR-40C 型 14 通道磁带机内。分析时,回放磁带机内实测记录,由微机进行数字滤波、频谱分析。最后用 SR-6602 绘图仪输出各种图形。测试系统简图见图 2.7。

原型试验分以下三部分。

（1）弹性波试验（击板法）。

击板法是目前现场常采用的能较容易给地表面施加水平冲击力的方法（泽田等,1977;骆文海,1985）。试验中将 20cm×20cm×300cm 的木方放在坝顶和下游马道上。木方长度方向与坝轴线平行,其上放压重石块（0.3～0.35t）,使木方与地

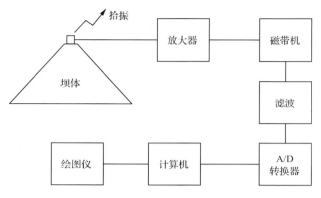

图 2.7　测试系统简图

面保持接触,然后用质量为 7kg 的木锤水平击打木方的一端,木方与地面之间因剪切产生振动,并以弹性波的形式传播,通过坝体表面设置的拾振器进行测定,本试验对两个断面进行实测,即图 2.4 中的 A、B 断面。

（2）脉动观测。

为了研究坝体的动力特性,试验进行脉动观测,测点沿 A 断面在坝顶和上、下游坡面设置,坝顶测点观测 3 个方向（顺河向、坝轴向和竖向）,其余测点均观测 1 个方向（顺河向）。

（3）爆破地震动观测。

由爆破产生人工震源,与击板法试验结果结合,确定坝体内弹性波传播规律,爆破点在距下游坝脚约 64m 的河床岩基上,如图 2.4 中 C 点所示。炸药每次用量约 500g。

2. 试验结果与分析

1）坝内 P 波及 S 波速度分布

（1）弹性波试验（击板法）。

在坝顶和下游马道上,用击板法产生震源。对每种情况都进行 3 次以上的重复试验,从测点的位移波形可以看出再现性极好。表 2.2 给出了试验内容。图 2.8 给出了测点布置及敲击点位置。图 2.9 是用击板法得到的一组位移波形。图中纵坐标前面的字母与表 2.2 对应,后面的数字与图 2.8 中的测点号相对应。

图 2.9(a)、(b)是 A 断面上 S_2 点敲击时测到的位移波形;图 2.9(c)和(d)是 B 断面上 S_1 点敲击时测到的位移波形;图 2.9(e)、(f)分别是在第一条马道上 S_2 点（高程 366.5m）和第二条马道上 S_3 点敲击时实测的位移波形。无论哪一种情况,都分别在木方的两端重复敲击,即从左岸向右岸方向和从右岸向左岸方向敲击。

比较图 2.9(a)、(b)可以发现:敲击后 0.2～0.25s,各测点的位移波形非常相似,仅在位移波到达时间上有所不同;由于敲击方向不同,即由左岸向右岸敲和由右岸向左岸敲,所以位移波彼此反向,但形状大致不变。

表 2.2　试验内容

试验序号	试验项目	备注
$W1\sim W7$	由击板法测定弹性波速	B 断面 敲击点:坝顶、下游第一、二条马道上
$Q1\sim Q8$	1. 由击板法测定弹性波速 2. 脉动观测	A 断面 敲击点:坝顶 $Q6$ 为脉动观测
$E1\sim E5$	爆破地震动观测	同一震源爆破 5 次

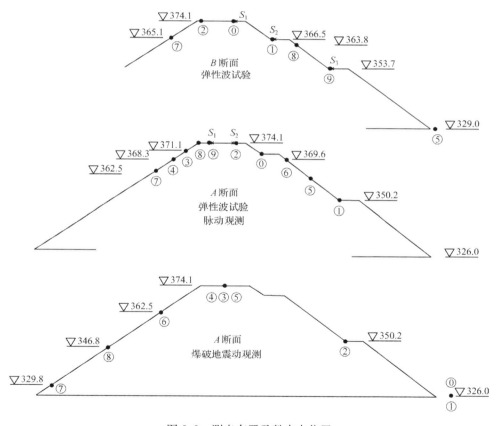

图 2.8　测点布置及敲击点位置

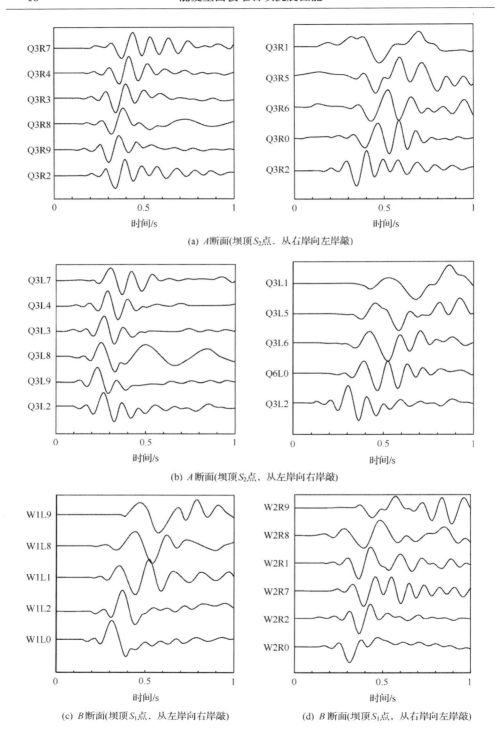

(a) A断面(坝顶S_2点，从右岸向左岸敲)

(b) A断面(坝顶S_2点，从左岸向右岸敲)

(c) B断面(坝顶S_1点，从左岸向右岸敲)

(d) B断面(坝顶S_1点，从右岸向左岸敲)

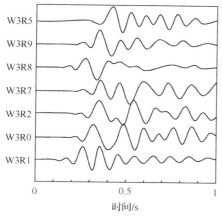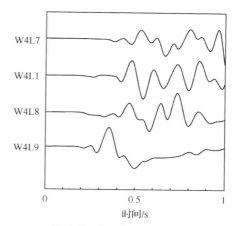

(e) B 断面(第一条马道上 S_2 点, 从右岸向左岸敲)　　(f) B 断面(第二条马道上 S_3 点, 从左岸向右岸敲)

图 2.9　击板法实测的位移波形

值得注意的是, 在图 2.9(e)中, 测点 7 和测点 9 相比, 发现尽管测点 7 距敲击位置 S_2 点的距离比测点 9 远, 但弹性波却先于测点 9 到达。在其他图中也同样可以看到某些距敲击点远的测点弹性波反而比距敲击点近的测点到达得要快。这一现象与日本的同类试验是一致的(泽田等,1977), 由此说明, 在坝体内部弹性波传播速度是不一样的。

将坝体分层, 根据实测的敲击点与测点、测点与测点之间的距离和实测时间差, 用折射法原理(泽田等,1977; 骆文海,1985)反复迭代试算。结果表明:坝体上游距外表面 4.3m 层内的波速和坝体内部有差异;同样下游距外表面 3.6m 处也可作为一个层界面。由各测点迭代算出的弹性波速多少有些差别, 其结果列于表 2.3,第一层和第二层区域如图 2.10 所示, 即图中①、②所示的区域。弹性波试验在坝体表面得到的 S 波速度和 P 波速度分别是 216m/s 和 390m/s。

表 2.3　坝体表层 P 波、S 波速度及层厚

区分		层厚/m	P 波速度/(m/s)	S 波速度/(m/s)
①第一层	上游	4.3	457	257
	下游	3.6	433	242
②第二层	—	—	661	383

(2) 爆破地震动观测。

为了推求坝体深部的弹性波速, 必须结合爆破地震反应观测。爆破位置在图 2.4 中的 C 点, ⓪~⑧测点的拾振方向均为顺河向。只是在坝顶的测点布置了顺河向、坝轴向和竖向三个方向拾振器。测点⓪、①、⑦均安置在基岩上, 其目的是

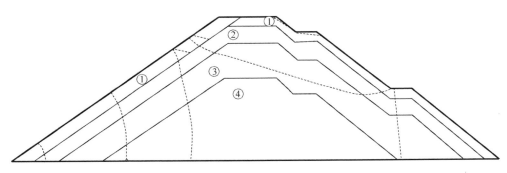

图 2.10　坝体分区及弹性波传播路径

测定基岩的弹性波速,从测点①和⑦的位移波记录得到五次爆破试验平均值 $v_P=3673\text{m/s}$,$v_S=1980\text{m/s}$。

（3）坝体内弹性波传播速度分布。

根据日本几座堆石坝试验结果(泽田等,1977),弹性波在堆石体内传播速度与围压有关。因此,在推定坝体内部深层部位的弹性波时,利用前面得到的结果(表 2.3)和基岩的弹性波速,将坝体深部平行地分成若干层,反复迭代试算。最后得到坝体内部弹性波速度分布(表 2.4)。相应的分区和弹性波传播路径见图 2.10。

表 2.4　坝体内部弹性波速度分布

层号	层厚/m	P波速度/(m/s)	S波速度/(m/s)	泊松比	杨氏模量/MPa	剪切模量/MPa
1	4.3（上游）	457	257	0.268	359	141
	3.6（下游）	433	242	0.273	319	125
2	6.0	661	383	0.273	783	309
3	13.0	834	485	0.246	1250	504
4	25.5	1035	609	0.235	1960	794
	岩基	3673	1980	0.208	20300	8390

表 2.4 中泊松比 μ 按式(2.4)换算:

$$\mu = \left(\frac{v_P^2}{2v_S^2}-1\right)\Bigg/\left(\frac{v_P^2}{v_S^2}-1\right) \qquad (2.4)$$

由表 2.4 中结果可以看出:①v_P、v_S 距坝体表面越深,其值越大;②按式(2.4)求得的泊松比 μ 随坝深度增大呈减小的趋势;③坝体上游的传播速度比下游坡的传播速度稍大。

2）大坝的动力特性

（1）脉动观测。

图 2.11 是脉动观测的波形记录,波形记录纵坐标符号的末尾数字和图 2.8 中

A 断面的测点号相同,从图 2.11 来看,因波形随时间略有变化,所以在用功率谱分析时分别取 2s、4s 和 8s 计算功率谱,同时考虑各测点波形的稳定性。

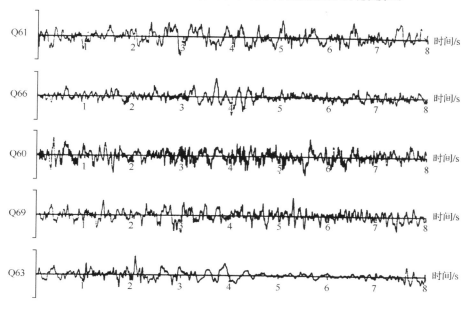

图 2.11　脉动观测波形记录

坝顶(Q69)测点的功率谱(归一化)如图 2.12 所示,在分析长 2s、4s 和 8s 的不同情况下,功率谱的形状虽有差异,但大体上都在 3Hz 左右出现峰值,第一条马道上测点(Q60)和坝顶测点(Q69)的结果也比较相近,上游坡测点(Q63)和第二条马道上测点(Q61)的功率谱与上述的功率谱相比不够稳定,但也在 3Hz 附近出现峰值(图 2.13)。

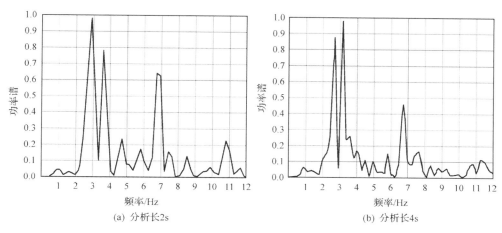

(a) 分析长2s　　　　　　　　　　　　　(b) 分析长4s

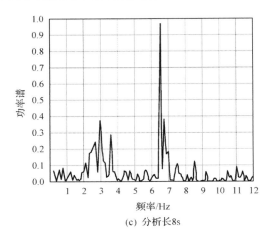

(c) 分析长8s

图 2.12　坝顶测点顺河向脉动观测功率谱

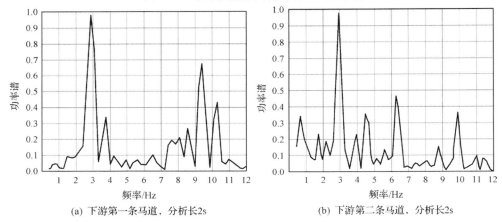

(a) 下游第一条马道，分析长2s　　　　　　　(b) 下游第二条马道，分析长2s

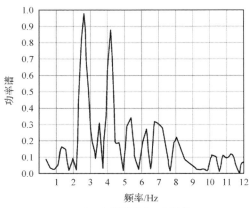

(c) 上游面测点，分析长2s

图 2.13　马道及上游面测点顺河向脉动观测功率谱

下游坡测点（Q66）的功率谱（图 2.14），因分析长度不同变化很大，随着分析长度的增加，卓越频率在 4～5Hz，这种原因尚不清楚，可能是该拾振器正处在进行施工的部位，因此有些影响。

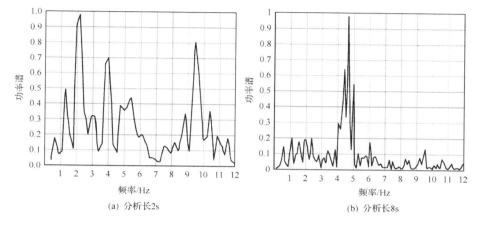

(a) 分析长2s　　　　　　　　(b) 分析长8s

图 2.14　下游面测点（Q66）顺河向脉动观测功率谱

（2）爆破地震动观测。

爆破地震动观测测点位置如图 2.4 和图 2.8 所示，测点方向同前，除了坝顶是 3 向测定，其他皆为顺河向。图 2.15 是第 5 次爆破试验的波形记录。5 次爆破地

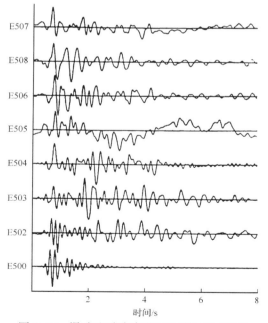

图 2.15　爆破地震动波形记录（第五次观测）

震反应观测得到的位移波形都基本相似。

利用图 2.15 中前 8s 的数据,求出功率谱如图 2.16 所示。从图 2.16 可以看

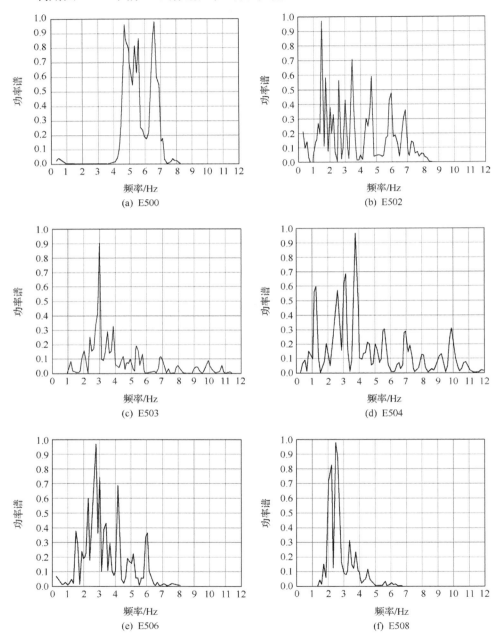

图 2.16　爆破地震动波形功率谱分析

出,大坝下游左岸基岩上测点(E500)的功率谱在 4.5～7Hz 出现高频率值,而在这范围之外的频率几乎为 0,与之相反,其他测点在不同频率之间有较宽的频率带。因此,可以说明由基岩的波动传播到坝体各部位激起了不同的振动,坝顶测点顺河向(E503)的功率谱在 3Hz 出现明显的峰值,坝轴线方向(E504)的功率谱在 3.75Hz 为最大峰值,并在 1.2～3Hz 都有峰值出现。坝顶竖向的功率谱没有计算,这是因为原波形由于设置的拾振器(E505)不够稳定(图 2.15),波形中含有很多长周期成分,上游坡测点(E506)的功率谱主峰频率也在 3Hz 左右,由此可见,爆破地震反应观测试验结果和脉动观测结果比较一致,坝体顺河向的振动卓越频率为 3Hz 左右,坝轴向的频率为 3.75Hz 左右。

3. 数值计算验证

为了检验现场弹性波速法实测结果的可靠性,根据弹性波试验和爆破地震动观测得到的坝体内部弹性波速分析(表 2.4),用二维有限元方法计算坝体的模态特性,并与脉动和爆破地震动观测结果进行比较。

计算按坝体原型试验时的尺寸,取坝高 53.5m,网格划分为 320 个三角形单元,189 个节点,如图 2.17(a)所示。坝基按刚性处理,坝体材料力学参数见表 2.4,其中容重各层均取为 2.1t/m³。

表 2.5 列出有限元方法计算出的前五阶自振频率与脉动、爆破地震动观测的观测值,相应的各阶振型如图 2.17(b)～(d)所示。

表 2.5　自振频率的比较

振型阶数	脉动观测自振频率/Hz	爆破地震动观测自振频率/Hz	二维有限元计算自振频率/Hz		振动方向
			坝料非均匀分布	坝料均匀分布	
1	2.80～3.12	3.0	2.98	2.83	顺河向
2	—	—	4.92	4.27	竖向
3	—	—	5.31	5.00	顺河向
4	—	—	5.74	5.67	竖向
5	—	—	6.59	6.69	顺河向

说明:坝料非均匀分布情况按表 2.4 材料参数,各层不同;坝料均匀分布情况按表 2.4 中第 3 层材料参数,各层相同。

由表 2.5 可见,有限元计算的第一阶自振频率与脉动、爆破地震动观测测得的自振频率是非常接近的,说明该试验得到的坝体内部弹性波速分布(表 2.4)是完全可以信赖的。

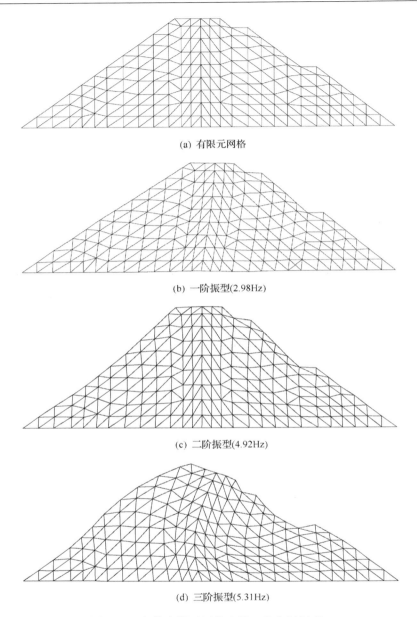

(a) 有限元网格

(b) 一阶振型(2.98Hz)

(c) 二阶振型(4.92Hz)

(d) 三阶振型(5.31Hz)

图 2.17 坝体有限元网格和前三阶自振振型

4. 各类试验成果比较

1) 同类试验比较

为便于与其他成果比较,将表 2.4 各层的弹性波速和泊松比用最小二乘法回

归分析,得到 P 波、S 波和泊松比的经验公式分别为

$$v_P = 300\sigma_v^{0.291} = 372z^{0.291} \tag{2.5}$$

$$v_S = 165\sigma_v^{0.306} = 207z^{0.306} \tag{2.6}$$

$$\mu = 0.5 - 0.205\sigma_v^{0.056} = 0.5 - 0.214z^{0.056} \tag{2.7}$$

式中, σ_v 是竖向应力,即 $\sigma_v = \gamma z$ (z 是距坝体表面深度),单位为 t/m^2 ;容重 γ 取 $2.1t/m^3$ 。

泽田等(1977)对日本的五座堆石坝进行了弹性波速现场试验。表 2.6 列出了日本五座堆石坝体及我国关门山坝体的参数,泽田等认为,坝内任一点的弹性波速(v_P, v_S)与其上部的荷载有关,剪切波波速 v_S 和有效竖向应力 σ_v 的关系可用式(2.8)表示

$$v_S = A\sigma_v^B \tag{2.8}$$

式中, A、B 是待定系数。当 σ_v 在 $0.4\sim0.6MPa$(相当于 $20\sim30m$)时,系数 A、B 比较稳定。泽田等对五个坝的实测结果加以平均,给出了堆石坝壳剪切波速分布,此处列出坝壳平均剪切波速分布(表 2.7)。表 2.7 中 z 为距坝体表面的深度。堆石坝壳容重取平均值 $2.1t/m^3$ 。

表 2.6　六座堆石坝体参数

坝名	坝型	坝高/m	坝坡		主要坝壳填筑料
			上游	下游	
喜撰山	心墙坝	95	1∶2.5,1∶3	1∶2.2	黏板岩,砂岩
下小鸟	心墙坝	119	1∶2.4	1∶1.85	飞弹方磨岩
多多良木	面板坝	64.5	1∶1.8	1∶1.75	石英凝灰岩
新冠	心墙坝	102.8	1∶2.3	1∶1.9	辉绿凝灰岩
岩屋	斜心墙坝	127.5	1∶2.5	1∶2.0	石英板岩
关门山	面板坝	58.1	1∶1.4	1∶1.3	安山岩

表 2.7　堆石坝壳平均剪切波速

深度	非饱和	饱和
0∼5m	$v_S = 245m/s$	
5∼30m	$v_S = 250z^{0.2}m/s$	$v_S = 250z^{0.2}m/s$
>30m	$v_S = 200z^{0.315}m/s$	

由表 2.3 与表 2.7 可知,尽管该试验坝与日本的五座堆石坝筑坝材料不同,但由于这些坝都采用现代化机械施工,堆石密度较高,所以实测的堆石内剪切波速大体是接近的,这些数据可供面板堆石坝材料选择时参考。

2)与室内试验成果比较

堆石料(或砾石料)的动力变形特性与一般砂土有较大差别,已被国生刚治(1980)和 Seed(1986)用大型振动三轴仪进行的六种不同岩质的碎石料和堆石料

的试验所证明。作者在详细分析和比较的基础上,将他们的试验结果按式(2.9)整理。

$$G_0 = AF(e)\sigma_m^n \tag{2.9}$$

式中,$F(e)$ 是孔隙比函数,取 $F(e) = \dfrac{(2.17-e)^2}{1+e}$,$\sigma_m$,$G_0$ 的单位为 kPa。表 2.8 是各种砾石料初始动剪切模量经验公式(2.9)中系数的比较。

表 2.8　各种砾石料系数比较

试样材料	A	n	$F(e)$	试样(D/H)
人工碎石料(国生刚治,1980)	10300	0.55		30cm/70cm
河卵石(国生刚治,1980)	5300	0.6		30cm/70cm
Oroville 坝料(Seed,1986)	8600	0.5		30cm/60cm
Pyramid 坝料(Seed,1986)	11000	0.5	$\dfrac{(2.17-e)^2}{1+e}$	30cm/60cm
Venado 砂岩(Seed,1986)	10500	0.5		30cm/60cm
Livermore 天然沉积物(Seed,1986)	6000	0.5		30cm/60cm
鲁布革 1 号模拟料(俞培基和梁永霞,1986)	7945	0.45		7cm/14cm
铁道路基碎石料(Prange,1981)	7230	0.38	$\dfrac{(2.97-e)^2}{1+e}$	100cm/200cm

需要指出,取孔隙比函数 $F(e) = \dfrac{(2.17-e)^2}{1+e}$,将 Seed 的试验结果按式(2.9)换算时,对 Oroville 坝料和 Venado 砂岩是适合的,但对 Pyramid 坝料和 Livermore 天然沉积物,两种相对密度(95%,70%)换算的系数 A 约差 15%。

从表 2.8 中八种不同岩质的砾石料试验结果可以看出,模量指数 n 为 0.4～0.6;河卵石和天然沉积物的系数 A 偏低,人工碎石料和坝料的系数 A 基本在 8000～12000。

国生刚治(1980)曾利用 Poulos 和 Davis 坝体中的应力分布图,求得深度 z 与平均主应力 σ_m' 的关系,将他在室内所做的碎石料试验成果和泽田等(1977)的现场弹性波试验成果进行过比较。按

$$\frac{\sigma_m'}{\gamma_H} = 0.44\,\frac{z}{H} + 0.03 \tag{2.10}$$

$$G = \rho v_s^2$$

将深度 z 与平均主应力及动剪切模量建立关系,取日本五座坝的平均高度 100m,由表 2.7 与式(2.10)计算两种孔隙比饱和与非饱和条件下的四条折线绘于图 2.18,图中阴影线是人工碎石料的试验值范围,其中直线是相应的平均值,用同样的方法将关门山试验坝现场弹性波速实测结果也绘于图 2.18。

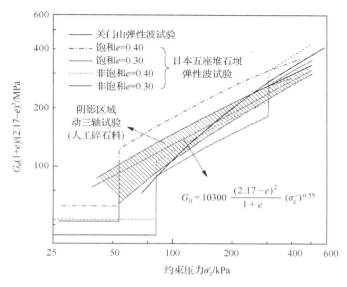

图 2.18　动三轴试验与现场弹性波试验的比较

应该承认,这种换算方法尽管在理论上并不严密,没有考虑材料最大粒径、非等向固结等因素的影响,但从图 2.18 可知,室内大型振动三轴仪得到的堆石料初始动剪切模量和现场弹性波试验得到的结果大体上还是吻合的,特别是约束压力(或平均主应力)和动剪切模量 $G_0/F(e)$ 在双对数坐标下近似线性关系的假定从实用角度上还是可取的。

因此,作者认为,对现代化机械施工修建的面板堆石坝,坝体的弹性波速有大致统一的分布形式,在缺乏高精度试验结果的条件下,作为工程应用,堆石料动力变形参数(动剪切模量和等效阻尼比等)的取值采用现有的现场波速法和大型振动三轴仪所得的成果进行估算,可以满足一定的需要。

2.2.2　微振时面板堆石坝的动力特性

1. 模型试验概况

试验在从美国 MTS 公司引进的伺服液压式地震模拟振动台上进行。振动台分别有模拟控制和数值控制两部分,台面尺寸 3m×3m,允许最大载重 10t,满载条件下最大加速度为 g。振动台配有完整的测试和数据采集系统,并有摄像机录制模型坝的破坏过程,试验流程如图 2.19 所示。

1) 原型坝概况

天生桥水电站位于广西、贵州两省交界的南盘江上,坝址岩基较好,边坡稳定

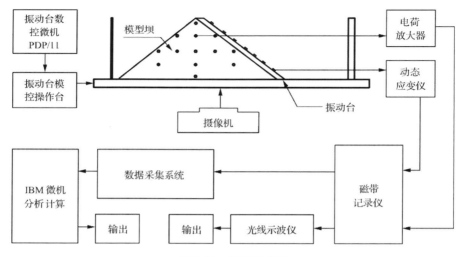

图 2.19 试验流程图

性较高,河谷为比较开阔的纵向谷,左右岸不对称,左岸为逆向坡,右岸为顺向坡。最大坝高 180m,坝顶长 1178m,顶宽 14m。上游坝坡 1:1.4,下游坝坡设上坝公路,平均坝坡 1:1.4。图 2.20 是大坝平面和典型断面图,面板厚按 $d=0.3+0.0035H$ 设计(d 为面板厚度,H 为计算点至面板顶部的垂直高度,单位为 m)。

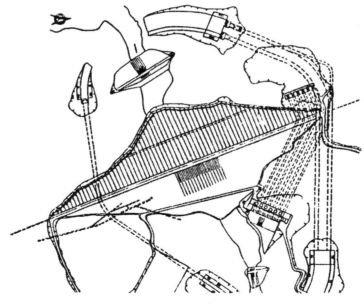

(a) 平面布置

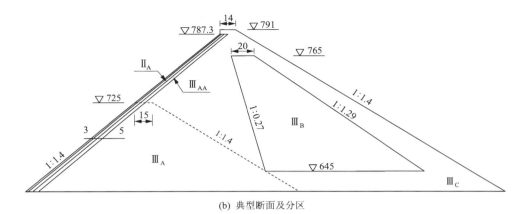

(b) 典型断面及分区

图 2.20　天生桥面板堆石坝平面布置和典型断面

Ⅲ_A-灰岩堆石料；Ⅲ_AA-过渡料；Ⅱ_A-垫层料；Ⅲ_B-沙泥岩料；Ⅲ_C-灰岩堆石料

2) 模型尺寸及模型材料

二维模型坝高 1m(均质坝模型最高达 1.4m)；三维模型包括整个坝体和部分库区,按 1/300 比尺设计,坝高 0.6m。上、下游边坡均为 1:1.4(有马道时,马道以上边坡 1:1.6),模型坝堆筑在钢制砂箱内,用螺栓将砂箱固定在振动台上,二维砂箱尺寸 4.0m×1.0m×1.6m(长×宽×高),其中一侧为 20mm 厚的有机玻璃；三维模型砂箱尺寸 3.7m×2.9m×0.7m。由于钢制砂箱均用 6~8mm 槽钢焊接而成,所以其刚度很大,在振动过程中砂箱顶部没有任何放大作用。

模型坝堆筑料选用鞍山矿山公司石灰石矿生产的石灰岩,经粉碎、筛分后共模拟了六组级配,其中有三组模拟料粒径分布较广,与一般堆石坝级配曲线有一定的相似性,在二维模型试验中,垫层与坝壳料进行了分别的模拟,模型坝面板选用了三种材料,即有机玻璃面板、砂浆面板和石膏混合料面板；此外,还用塑料薄膜模拟了面板的极端情况。

二维及三维模型坝材料级配曲线如图 2.21 所示,模型坝壳与垫层材料物理性质见表 2.9,模型面板物理性质见表 2.10,表中石膏面板采用石膏、铁粉、重晶石、珍珠岩等材料按一定配比整张浇筑成形。结果表明,这种石膏面板不仅容重高、弹性模量低而且具有一定的抗拉强度。砂浆面板是水泥、砂按 1:6 配比制成。

3) 模型制作和试验方法

模型制作参照 2.1.5 节介绍的方法和操作流程。为了观测模型坝动力反应、面板应力分布和坝坡滑动,坝内埋置了许多加速度计和若干染色砂条(柱),上游面板上还贴有应变片。二维和三维模型坝测点布置如图 2.22 和图 2.23 所示。根据 2.1.5 节的试验方法开展微震试验,研究模型坝在微震作用下的动力特性。

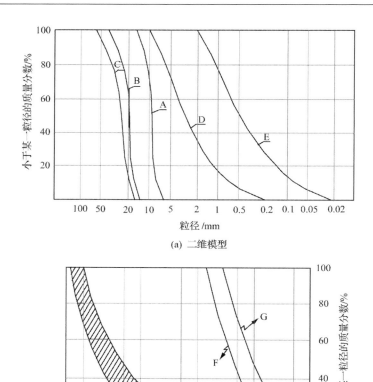

(a) 二维模型

(b) 三维模型(原、模型材料比较)

图 2.21　模型材料级配曲线

表 2.9　模型坝壳与垫层材料物理性质

模型材料	粒径/mm	平均粒径 d_{50}/mm	不均匀系数	安息角 φ /(°)	最大孔隙比 e_{max}	最小孔隙比 e_{min}	容重 γ_d /(g/cm³)
A	6~15	9	1.38	39.5	0.961	0.774	1.40
B	14~40	19	1.25	41	0.985	0.754	1.38
C	18~60	27	1.40	43	0.992	0.763	1.37
D	0.2~10	3	4.4	39	0.863	0.694	1.59
E	0.02~2	0.58	9.33	36	0.813	0.586	1.71

表 2.10　模型面板物理性质

面板材料	容重/(t/m³)	动弹性模量/MPa	抗拉强度/kPa	面板厚/mm
石膏	2.0～2.2	2400～2600	160～300	4～5
砂浆	1.69	2700	240～330	6～8
有机玻璃	1.18	3900	—	4

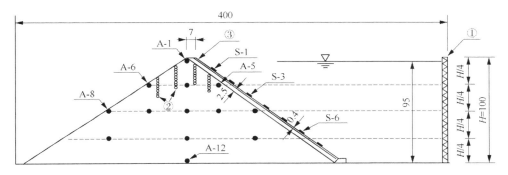

图 2.22　二维模型测点布置(单位:cm)

①-海绵;②-染色砂条;③-面板;●-加速度计;—应变片

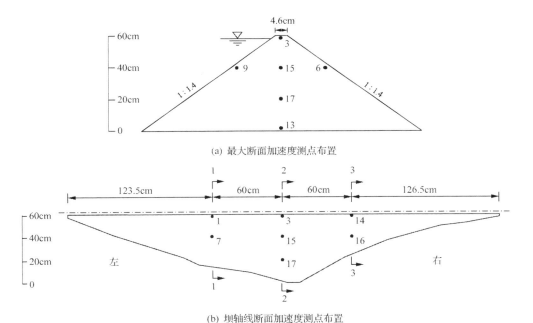

(a) 最大断面加速度测点布置

(b) 坝轴线断面加速度测点布置

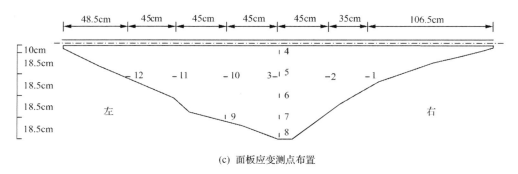

(c) 面板应变测点布置

图 2.23　三维模型传感器布置

2. 防渗面板对坝体自振特性的影响

面板坝与均质堆石坝在构造上一个最明显的区别是：面板坝在上游坡面上浇筑一块很薄的混凝土面板。于是，自然会提出一个问题：这块厚度小、刚度大的面板对坝体的自振特性究竟有没有影响？这是首先要研究的一个问题。

为了弄清面板对堆石坝体自振频率和振型等方面的影响，对同种材料（图 2.21(a)中 D 材料）堆筑的均质坝、石膏面板坝和有机玻璃面板坝三种模型坝进行了微幅正弦波共振试验。

1）微幅振动条件下模型坝状态

以往的研究（田村重四郎，1975；韩国城，1982；Han and Kong，1987；吴再光等，1990）表明，即使是散粒体堆筑的模型坝，原型和模型之间仍具有相似的动力特性。微幅振动条件下，坝体处于弹性状态。模型坝的动力放大因子、阻尼比及坝顶加速度、波形的失真度在一定程度上反映了模型坝的弹性状态。试验在测定模型坝自振特性时，振动台输入加速度控制在 8Gal（$1Gal=1cm/s^2$），此时坝顶加速度放大 20 倍左右。因为模型坝共振时放大系数 $B=a/a_0$（a_0 为振动台输入加速度，a 为坝顶加速度）和阻尼比 ξ 应满足条件 $B=a/a_0\approx\eta_1\beta_1=\eta_1/(2\xi)$，即 $\xi\approx\eta_1/(2B)$。若第一振型参与系数 η_1 取 1.7，则模型坝阻尼比可粗略地估计为 0.04。图 2.24 为模型坝共振时中线测点的加速度时程。由此，可以认为模型坝处于线弹性状态。

2）模型坝动力参数估计

由于受振动台工作频率（0.1～50Hz）限制，试验仅实测了第一阶振型和频率。为了对高阶振动有所了解，采用 SAP5 线性静力、动力有限元分析程序，计算了模型坝的前 6 阶模态特性，并和试验结果进行比较。计算中，考虑到微幅振动中模型坝处于线弹性状态，面板与垫层间的相对滑移可以忽略，因此坝体网格划分全部采用四节点等参单元，单元 250 个，节点 273 个。

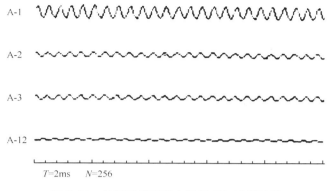

图 2.24　共振时模型坝中线测点加速度时程

模型坝剪切模量按下述方法估算。

第一步，由实测模型坝第一阶自振频率按剪切梁法估算平均剪切模量，即

$$G_{e} = \rho \left(\frac{\omega_{1} H}{K_{1}} \right)^{2} \qquad (2.11)$$

式中，ω_{1} 为模型坝第一阶自振频率；H、ρ 分别为坝高和密度；K_{1} 为零阶贝塞尔函数零点值。

第二步，按文献（韩国城，1982）的方法，将模型坝分为 n 层。第 i 层剪切模量通常可表示为

$$G_{i} = A \frac{(2.17 - e)^{2}}{1 + e} \sigma_{m}^{n} \quad \text{MPa} \qquad (2.12)$$

式中，e 为孔隙比。严格地说，常数 A、n 都与有效应力 σ_{m} 及剪应变有关，一般需要通过动三轴试验确定。为了比较实测结果，取 $n = 0.5$，于是常数 A 可用近似方法估计。

第三步，假设 $G_{e} \sum\limits_{i} S_{i} = \sum\limits_{i} G_{i} S_{i}$ 成立，则

$$A = \frac{(1 + e) \rho \omega_{1}^{2} H^{2} \sum\limits_{i} S_{i}}{(2.17 - e)^{2} K_{1}^{2} \sum\limits_{i} \sigma_{mi}^{0.5} S_{i}} \qquad (2.13)$$

式中，S_{i} 为各层面积。

对若干个实测的均质模型坝第一阶自振频率按式（2.13）估算，得到 A 的平均值为 104.4。

3）试验与计算比较

表 2.11 列出均质堆石坝，石膏面板堆石坝和有机玻璃面板堆石坝在空库条件下第一阶自振频率的实测值和 SAP5 程序的计算值。图 2.25 是相应的前三阶顺河向振型。

模型试验和计算结果表明,尽管上游坡面上的面板很薄,但它对上游坡面的整体约束改变了坝体原有的自振特性,使面板堆石坝自振特性与均质堆石坝有所不同。

表 2.11　模型坝自振频率实测值与计算值　　　　　（单位：Hz）

振型阶数	均质堆石坝		石膏面板坝		有机玻璃面板坝	
	实测值	计算值	实测值	计算值	实测值	计算值
1	43.0	42.86	45.5	45.32	46.5	46.36
2	—	71.97	—	72.34	—	72.61
3	—	77.63	—	82.19	—	83.34
4	—	96.37	—	97.72	—	97.98
5	—	104.34	—	108.95	—	109.60
6	—	109.82	—	110.04	—	110.47

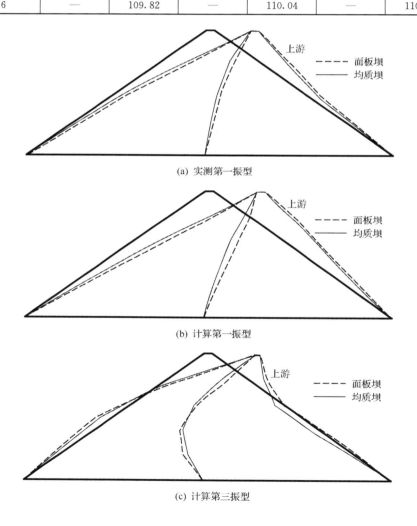

(a) 实测第一振型

(b) 计算第一振型

(c) 计算第三振型

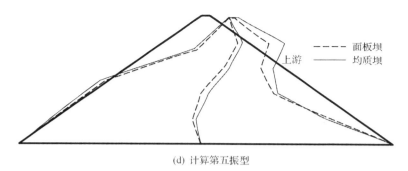

(d) 计算第五振型

图 2.25 均质坝与面板坝振型比较

4）面板的影响分析

（1）面板对自振频率的影响。

表 2.11 中 1、3、5 阶对应的是顺河向振型的频率；2、4、6 阶对应的为竖向振型的频率。从表中数值可以看出，面板对自振频率的影响主要表现在顺河向。此外，还可以看到：与均质坝相比，石膏面板坝的各阶顺河向自振频率增高 5%～6%，有机玻璃面板坝增高 7%～8%。这是因为两种面板的弹性模量 E_f 不同，前者为 2600MPa，后者为 3900MPa；而两种面板坝模型的坝壳平均剪切模量 G_e 是相同的，其值为 20.4MPa，若取泊松比 $\mu=0.3$，则堆石坝壳的平均弹性模量 $E_d=53.1$MPa。由此可见，面板堆石坝各阶顺河向自振频率比均质堆石坝偏高，且其影响程度主要取决于面板与坝壳的弹性模量比 E_f/E_d，图 2.26 以无量纲形式给出频率增高率 η 与弹性模量比 E_f/E_d 的关系，其中 η 定义为

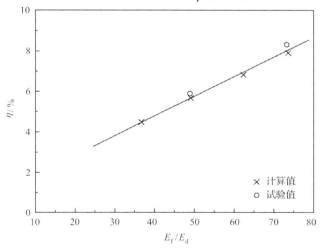

图 2.26 面板与坝壳弹性模量比对自振频率的影响

$$\eta = \frac{f_{fd} - f_d}{f_d} \times 100\% \tag{2.14}$$

式中，f_d、f_{fd} 分别是均质堆石坝与面板堆石坝的水平向自振频率。

对实际工程面板坝来说，混凝土面板厚度按经验公式 $d = 0.3 + (0.003 \sim 0.0035)h$ 设计，h 是最高水头(以米计)，面板的弹性模量 E_f 大体相同。但是，堆石坝壳的平均剪切模量主要与坝高有关，坝越高，坝体内平均有效应力就越大，从而剪切模量越大。根据以往的研究(倪汉根和孔宪京，1982；韩国城和孔宪京，1985)，50m 左右的土石坝坝壳平均剪切模量约为 78.5MPa，100m 左右约为 137.5MPa，如取泊松比 $\mu = 0.3$，则面板与坝壳弹性模量比 E_f/E_d 分别为 146 和 84(面板的弹性模量 $E_f = 3 \times 10^4$MPa)。由图 2.26 可以推测，50m 左右的面板堆石坝顺河向自振频率比均质堆石坝增大 $10\% \sim 12\%$，100m 左右的面板堆石坝增大约 8%。因此，对高面板堆石坝(150m 以上)，面板对自振频率的影响可以忽略不计，而对低坝来说，其影响程度与弹性模量比 E_f/E_d 有关，坝越低，面板对顺河向自振频率的影响就越大。

(2) 面板对各阶水平振型的影响。

图 2.25 比较了均质堆石坝和石膏面板坝各阶顺河向振型，图中实线表示均质堆石坝，虚线代表石膏面板坝。

由于振动台工作频率限制，试验仅实测了第一阶自振特性，如图 2.25(a)所示。图 2.25(b)~(d)是由 SAP5 程序计算的前三阶顺河向振型。从比较中可以看到，面板坝与均质坝第一阶振型大致相同，差别很小。但随着振型阶数升高，两者之间的差别有增大的趋势。其原因显然是面板的作用对高阶振型影响相对较大。

面板堆石坝高阶振型表现出来的差异说明地震波高频分量对坝体反应将会有一些影响。对于面板堆石坝，除了计算坝体的加速度反应和校核边坡稳定外，还必须对面板的安全(包括开裂、滑动等)做出可靠的判断。因此，对面板应力计算中高阶振型的影响还有待进一步研究。

3. 简化分析模型及有关结论验证

按剪切梁理论，坝体可视为一变截面梁，假设同一水平截面上的各点变位大小相同且为同一方向，面板与堆石体视为一体，仅发生弹性剪切变形，图 2.27 是作者建议的分析模型。为推导简便，设上、下游边坡相同且面板等厚。

考虑图中 dy 部分力的平衡，有

$$(\rho_R b + \rho_C a)\mathrm{d}y \frac{\mathrm{d}U}{\mathrm{d}t^2} = \frac{\partial}{\partial y}(bG_R + aG_C)\frac{\partial U}{\partial y}\mathrm{d}y \tag{2.15}$$

或

$$(\rho_R my + \rho_C a)\frac{\partial^2 U}{\partial t^2} = myG_R \frac{\partial^2 U}{\partial y^2} + G_R m \frac{\partial U}{\partial y} + aG_C \frac{\partial^2 U}{\partial y^2} \tag{2.16}$$

式中，U 为 x 轴方向位移；ρ 与 G 分别为密度与剪切模量；下标 R、C 分别表示堆石与面板；m 为坡比；a 为面板水平宽度。

假如不考虑有面板，则方程为

$$\rho_R m y \frac{\partial^2 U}{\partial t^2} = m y G_R \frac{\partial^2 U}{\partial y^2} + G_R m \frac{\partial U}{\partial y} \tag{2.17}$$

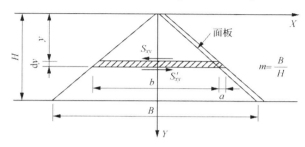

图 2.27　简化分析模型

设式（2.17）的第 i 阶振型为 ϕ_i，相应的频率为 ω_i，则可假定式（2.16）的第 i 阶振型表示为 $\phi_i + \Delta\phi_i$，相应的频率是 $\omega_i + \Delta\omega_i$，即 $U = (\phi_i + \Delta\phi_i) \mathrm{e}^{\mathrm{i}(\omega_i + \Delta\omega_i)t}$，代入式（2.16）并消去 $\mathrm{e}^{\mathrm{i}(\omega_i + \Delta\omega_i)t}$ 得

$$-(\rho_R m y + \rho_C a)(\omega_i + \Delta\omega_i)^2(\phi_i + \Delta\phi_i) = m y G_R(\phi_i'' + \Delta\phi_i'') + G_R m(\phi_i' + \Delta\phi_i') + a G_C(\phi_i'' + \Delta\phi_i'') \tag{2.18}$$

因 $\Delta\omega_i$ 和 $\Delta\phi_i$ 均为小量，略去小量的二阶以上项，有

$$-(\rho_R m y + \rho_C a)(\omega_i^2 \phi_i + \omega_i^2 \Delta\phi_i + 2\omega_i \Delta\omega_i \phi_i) = m y G_R(\phi_i'' + \Delta\phi_i'') + G_R m(\phi_i' + \Delta\phi_i') + a G_C(\phi_i'' + \Delta\phi_i'') \tag{2.19}$$

又因 ω_i、ϕ_i 是式（2.17）的解，所以

$$-\rho_R m y \omega_i^2 \phi_i = m y G_R \phi_i'' + G_R m \phi_i' \tag{2.20}$$

将式（2.19）减去式（2.20），得

$$-\rho_C a \omega_i^2 \phi_i - (\rho_R m y + \rho_C a)\omega_i^2 \Delta\phi_i - (\rho_R m y + \rho_C a) 2\omega_i \Delta\omega_i \phi_i = m y G_R \Delta\phi_i'' + G_R m \Delta\phi_i' + a G_C(\phi_i'' + \Delta\phi_i'') \tag{2.21}$$

令 $\phi_i + \Delta\phi_i = a_{i1}\phi_1 + a_{i2}\phi_2 + \cdots + \phi_i + \cdots + a_{in}\phi_n$，于是有 $\Delta\phi_i = a_{i1}\phi_1 + a_{i2}\phi_2 + \cdots + 0 + \cdots + a_{in}\phi_n$。

把 $\Delta\phi_i$ 代入式（2.21），两边乘以 $y\phi_i$ 并 $\int_0^H$ 积分，则有

$$-\rho_C a \omega_i^2 \int_0^H y\phi_i^2 \mathrm{d}y - 2\omega_i \Delta\omega_i \int_0^H (\rho_R m y + \rho_C a) y\phi_i^2 \mathrm{d}y = a G_C \int_0^H y\phi_i \phi_i'' \mathrm{d}y \tag{2.22}$$

或

$$\Delta\omega_i = -\frac{\rho_C a \omega_i^2 \int_0^H y\phi_i^2 \mathrm{d}y + a G_C \int_0^H y\phi_i \phi_i'' \mathrm{d}y}{2\omega_i \int_0^H (\rho_R m y + \rho_C a) y\phi_i^2 \mathrm{d}y}$$

$$= \frac{a\frac{G_C}{G_R}\int_0^H (\rho_R y \omega_i^2 \phi_i + G_R \phi_i')\phi_i \mathrm{d}y - \rho_C a \omega_i^2 \int_0^H y \phi_i^2 \mathrm{d}y}{2\omega_i \int_0^H (\rho_R m y + \rho_C a) y \phi_i^2 \mathrm{d}y} \tag{2.23}$$

若不考虑有面板,满足式(2.17)的第 i 阶振型 ϕ_i 和相应的频率 ω_i 为

$$\phi_i = \mathrm{J}_0\left(\frac{\nu_i y}{H}\right) \tag{2.24}$$

$$\omega_i = \frac{\nu_i}{H}\sqrt{\frac{G_R}{\rho_C}} \tag{2.25}$$

式中,J_0 为零阶贝塞尔函数;ν_i 为相应的零点值。利用贝塞尔函数的性质,经简单运算可以证明,式(2.23)中积分

$$\int_0^H y\phi_i^2 \mathrm{d}y = \int_0^H y\mathrm{J}_0^2\left(\frac{\nu_i y}{H}\right)\mathrm{d}y = \frac{H^2}{2\nu_i^2}\mathrm{J}_1^2(\nu_i) = H^2 A_i \tag{2.26}$$

$$\int_0^H \phi_i'\phi_i \mathrm{d}y = \int_0^H \mathrm{J}_0\left(\frac{\nu_i y}{H}\right)\mathrm{J}_0'\left(\frac{\nu_i y}{H}\right)\mathrm{d}y = -\frac{1}{2} = B_i \tag{2.27}$$

$$\int_0^H y^2\phi_i^2 \mathrm{d}y = \int_0^H y^2\mathrm{J}_0^2\left(\frac{\nu_i y}{H}\right)\mathrm{d}y = \frac{H^3}{\nu_i^3}\int_0^{\nu_i} z^2\mathrm{J}_0^2(z)\mathrm{d}z = H^3 C_i \tag{2.28}$$

式中,A_i 和 C_i 分别为

$$A_i = \frac{1}{2\nu_i^2}\mathrm{J}_1^2(\nu_i)$$
$$C_i = \frac{1}{\nu_i^3}\int_0^{\nu_i} z^2\mathrm{J}_0^2(z)\mathrm{d}z \tag{2.29}$$

式(2.29)可由数值积分求得,将式(2.29)代入式(2.23),得

$$\Delta\omega_i = \frac{a\frac{G_C}{G_R}(\rho_R \omega_i^2 H^2 A_i - G_R B_i) - \rho_C a \omega_i^2 H^2 A_i}{2\omega_i(\rho_R m H^3 C_i + \rho_C a H^2 A_i)} \tag{2.30}$$

或用频率增高率 η 表示,则

$$\eta = \frac{\Delta\omega_i}{\omega_i} = \frac{a\frac{G_C}{G_R}(\rho_R \omega_i^2 H^2 A_i - G_R B_i) - \rho_C a \omega_i^2 H^2 A_i}{2\omega_i^2(\rho_R m H^3 C_i + \rho_C a H^2 A_i)} \tag{2.31}$$

利用式(2.25)进一步简化,得

$$\eta = \frac{\Delta\omega_i}{\omega_i} = \frac{\frac{a}{H}\frac{G_C}{G_R}\left(A_i + \frac{1}{2\nu_i^2}\right) - \frac{a}{H}\frac{\rho_C}{\rho_R}A_i}{2\left(mC_i + \frac{a}{H}\frac{\rho_C}{\rho_R}A_i\right)} \tag{2.32}$$

因 $\frac{a}{H}\frac{G_C}{G_R}$ 远大于 $\frac{a}{H}\frac{\rho_C}{\rho_R}$,如忽略式(2.32)中的 $\frac{a}{H}\frac{\rho_C}{\rho_R}A_i$ 项,则可说明频率增高率 η 和面板与堆石的剪切模量比有关,且随坝高 H 的增大,η 减小。

作为一个例子,用式(2.32)估计 180m 高的天生桥坝面板对第一阶自振频率

的影响,取混凝土弹性模量 $E_c = 2 \times 10^4 \text{MPa}$(剪切模量 $G_c = 7.16 \times 10^3 \text{MPa}$),堆石体平均剪切模量 $G_R = 580.61 \text{MPa}$,面板水平宽 1.06m(平均值),混凝土与堆石体容重分别为 2.4t/m^3 和 2.0t/m^3,于是得到频率增高率 $\eta = 2.4\%$,由此可见,由试验和数值分析得到的面板坝自振频率略高于均质堆石坝,其影响程度与坝高有关,对高面板(150m 以上),这种影响基本可以忽略,按通常的经验方法估计坝体自振频率不会引起较大误差的结论是正确的。

4. 库水对坝体动力特性的影响

与心墙坝不同,面板坝由于在上游坝面采用了表面防渗体,库水不直接与上游坝壳堆石接触,因此,满库和空库条件下,坝体的自振频率及动力反应特性的差别也是研究面板坝抗震性能必须给予回答的另一个重要问题。一些学者曾通过数值计算(Bureau et al.,1985;张振国和顾淦臣,1986)或经验判断(Seed,1985),对此有过不同的结论和看法。作者以试验分析为依据对这一问题进行一定论述。

1) 库水对面板坝自振频率的影响

在二维试验中,对 13 个面板坝模型,用正弦波共振(输入加速度 $0.008g \sim 0.012g$)实测了 6 种不同蓄水高程时的自振频率,结果表明,模型坝水位变化对坝体自振频率影响并不明显。为了更清楚地了解这一特性,继续对不同高程水位的三维模型进行微震试验。三维模型试验时,采用不规则波微震代替共振扫频,并借助频谱分析仪进行数据采集和分析。振动台输入为截止频率 320Hz 的白噪声,分三级输入,即振动台输入最大加速度 5.5Gal、13Gal、32Gal。图 2.28 是模型坝基

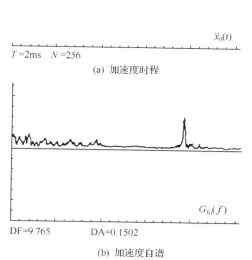

$$\ddot{x}_0(t)$$

$T = 2\text{ms}$　$N = 256$

(a) 加速度时程

$$G_{\ddot{x}_0}(f)$$

DF=9.765　　DA=0.1502

(b) 加速度自谱

图 2.28　模型坝基实测加速波形及相应的自谱

实测加速波形及相应的自谱。由 $G_{\ddot{x}_0}(f)$ 可见，从模型坝基实测的台面加速度自谱已经不再是截止频率 320Hz 的白噪声，而且在 190Hz 左右有一个峰值，这是由振动台系统（包括模型槽）特性造成的。若想得到真正的白噪声（截止频率 320Hz），可利用振动台反馈系统进行多次迭代。但是，这完全没有必要，由图 2.28(b) 可见，100Hz 之内坝基运动基本上还具有白噪声特性，即使考虑各种因素的影响，模型坝基频也仅在 40～70Hz。190Hz 左右虽然有一个共振峰，但它对模型坝的基频影响不大。

表 2.12 列出较典型的 7 个三维模型坝微震时实测基频。表中分缝面板是指垂直分缝，缝间距为 10cm；薄膜面是指用塑料薄膜作为"面板"，直接铺在上游坡面上。

表 2.12　三维模型坝实测基频　　　　　　　　　（单位：Hz）

加速度/Gal	水位/cm					备注
	0	30	36	45	56	
5.5	61.02	—	—	—	—	细料 B，含水量 $W=1.8\%$
	62.50	—	—	—	—	
13	55.07	—	—	—	—	细料 B，含水量 $W=1.8\%$
	58.59	—	—	—	—	—
32	51.21	—	—	—	—	细料 B，含水量 $W=1.8\%$
	53.06	—	—	—	—	
	53.01	—	—	—	—	
	51.75	—	51.84	—	53.71	分缝面板，间距 10cm
	47.85	47.85	—	47.85	50.78	薄膜面
	53.54	—	53.54	—	54.68	

图 2.29 是三种面板形式的模型坝用同一加速度（32Gal）幅值激振、不同蓄水高程时所测的模型坝基频。从图中可见，水位在 3/4（或 2/3）坝高以下时，频率几乎没有变化，满库时，薄膜面模型坝频率升高 3Hz，分缝面板为 2Hz，无缝面板仅 1Hz。总体来看，水库蓄水对坝体频率的影响基本可以忽略，其原因可作如下解释。

面板堆石坝与混凝土坝一样，蓄水时相当于增加了一项附加质量，对混凝土坝而言，上游直立坝面的库水附加质量 M_{90} 使混凝土坝第一阶自振频率降低 10%～20%，并且附加质量随上游坡角的减小而减小，即坡角为 α 时的附加质量 $M_\alpha = M_{90} \times \alpha/90$。假如按混凝土坝估计，当面板坝坡角 α 为 35.5°时（坡比 1：1.4），第一阶自振频率应降低 3%～6%。但是要注意，这里忽略了两个重要因素：①虽然附加质量相同，但面板坝的质量要比混凝土坝大近 6 倍，也就是说，相同的附加质

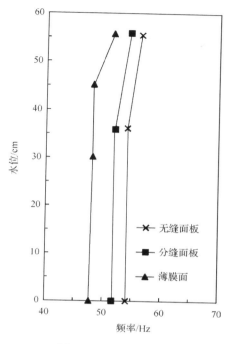

图 2.29　模型坝基频

量对不同的质量体积产生的效果显然不会相同；②面板堆石坝与混凝土坝又有所不同，由于库水压力作用，坝内堆石体有效应力将会增大，从而使坝体刚度增加。

综合以上各种因素影响，面板堆石坝自振频率基本不受库水影响的结论是可以接受的。

2）库水对面板坝动力反应的影响

从实测的模型坝频响曲线可以发现，在振动台输入加速度相同的情况下，模型坝蓄水和空库时的坝顶加速度放大系数是不同的，图 2.30 给出二维模型坝坝顶测点频响曲线，图中结果揭示了这样一个现象，即当激振频率低于共振频率时，空库坝顶加速度反应要比蓄水时大，而当激振频率接近或高于共振频率时，空库时的加速度反应则比蓄水时小。这一现象说明，共振或地震卓越周期低于坝体自振周期时，蓄水后大坝的地震反应趋于增大，是不利的。

图 2.31 给出不同频率激振时（台面加速度幅值 0.008g）模型坝加速度反应。其中图 2.31(a)是空库时坝体的加速度反应，图 2.31(b)是水位 75cm 高程时坝体的加速度反应。从图中结果来看，坝顶区域加速度反应较大；另外，蓄水后下游坡加速度反应要比上游大。

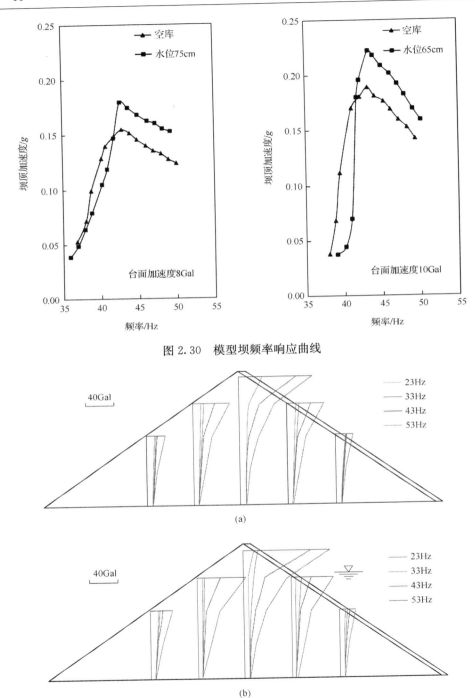

图 2.30　模型坝频率响应曲线

图 2.31　微震时坝体加速度分布

参 考 文 献

韩国城，孔宪京. 1985. 大山口土坝抗震试验研究//高土石坝筑坝关键技术问题的研究成果汇编(第一册)

林皋. 1958. 研究拱坝震动的模型相似律. 水利学报，1：79-104

林皋，林蓓. 2000. 结构动力模型试验的相似技巧. 大连理工大学学报，40(1)：1-8

骆文海. 1985. 土中应力波及其测量. 北京：中国铁道出版社

倪汉根，孔宪京. 1982. 碧流河水库土坝整体模型抗震试验报告. 大连：大连工学院土木系抗震研究室

吴再光，韩国城，林皋. 1990. 土石坝模型平稳随机振动试验及数值计算. 大连理工大学学报，30(2)：167-172

俞培基，梁永霞. 1986. 鲁布革堆石坝料的动力变形特性试验研究报告//水利水电科学研究院. 高土石坝筑坝关键技术问题的研究成果汇编(第二册)

张振国，顾淦臣. 1986. 考虑坝水相互作用的钢筋混凝土面板堆石坝三维非线性有限元分析. 南京：河海大学

国生刚治. 1980. 广いひずみ范围における粗粒土の动的变形特性と减衰特性. 东京：日本电力中央研究所报告，No. 38002

韩国城. 1982. 模型实验に基いフイルダムの振动破坏机构关すゐ基础的研究. 东京：东京大学博士学位论文

田村重四郎. 1975. ロッフイルダム模型の振动破坏实验について. 大ダム，(73)

泽田，等. 1977. ロックフイルダムの物性值分布特性および堤体の动的特性——弹性波动に基づく考察. 东京：日本电力中央研究所报告

Bureau G，Veepe R，Roth W H，et al. 1985. Seismic analysis of concrete faced rockfill dams//Concrete Faced Rockfill Dams-Design, Construction, and Performance，ASCE，Convention

Han G C，Kong X J. 1987. Study on dynamic experiment of embankment dam models//Proceedings of International Symposium on Earthquakes and Dams，1y

Prange B. 1981. resonant column testing of railroad ballast//Proeedings of 10th International Conference of SMFE，Stockholm，2：273-278

Seed H B. 1985. Seismic design of concrete faced rockfill dams//Concrete Faced Rockfill Dams-Design, Construction, and Performance，ASCE，Convention

Seed H B. 1986. Moduli and damping factors for dynamic analyses of cohesionless soils. ASCE. GT，122(11)：1016-1032

第3章 面板堆石坝的地震响应

作为面板坝动力响应研究的一种重要手段,振动台模型试验可以较直观地呈现面板坝的破坏模式(坝顶坍塌、面板断裂)及破坏发展过程,但由于土石材料具有强烈的非线性性质,较难选择一种完全满足相似关系要求的模型材料(刘福海,2012)。另外,由于试验手段自身限制,通过大量的模型试验归纳出不同面板坝的动力响应普遍规律具有相当大的难度。然而,随着计算机科学技术的快速发展和数值方法的深入研究,有限元数值分析方法以其成本较低、周期较短、可较容易地模拟复杂工程问题的独特优势,弥补了试验手段某些方面的不足(梁力和李明,2008),有限元仿真分析技术成为坝工界进行面板坝地震响应分析的另一种有效手段。

3.1 面板堆石坝动力分析方法

3.1.1 动力反应控制方程及求解

1. 动力反应控制方程

实际结构是具有无限自由度的,对结构进行合理的有限离散以后,在运动过程中不同时刻各节点的平衡方程如下:

$$\{F_i\}_t + \{F_d\}_t + \{P(t)\} = \{F_e\}_t \tag{3.1}$$

式中,$\{F_i\}_t$、$\{F_d\}_t$ 和 $\{P(t)\}$ 分别为惯性力、阻尼力和动力荷载;$\{F_e\}_t$ 为弹性力。

根据动力作用下各荷载的性质,可得

$$\{F_e\}_t = [K]\{u\}_t, \quad \{F_i\}_t = -[M]\{\ddot{u}\}_t, \quad \{F_d\}_t = -[C]\{\dot{u}\}_t \tag{3.2}$$

式中,$\{\ddot{u}\}_t$、$\{\dot{u}\}_t$、$\{u\}_t$ 分别为 t 时刻各个节点的相对加速度、速度和位移;$[M]$、$[C]$、$[K]$ 分别为结构整体的质量矩阵、阻尼矩阵和刚度矩阵。

对式(3.1)整理,有

$$[M]\{\ddot{u}\}_t + [C]\{\dot{u}\}_t + [K]\{u\}_t = \{P(t)\} \tag{3.3}$$

结构在地震作用下,动力荷载为地震惯性力,且一般认为地震荷载的边界加速度已知,则可建立动力反应控制方程:

$$[M]\{\ddot{u}\}_t + [C]\{\dot{u}\}_t + [K]\{u\}_t = -[M]\{\ddot{u}_g\}_t \tag{3.4}$$

式中,$\{\ddot{u}_g\}_t$ 为 t 时刻基底输入的加速度。

与静力问题相比,动力反应控制方程中出现了惯性力和阻尼力以考虑结构位移随时间的迅速变化,从而引入了质量矩阵和阻尼矩阵。

2. 质量矩阵的确定

动力计算中可以采用两种质量矩阵,分别为协调质量矩阵和集中质量矩阵(朱伯芳,2009)。

1)协调质量矩阵

采用和获取刚度矩阵相同的原理、过程和插值函数推导质量矩阵时,能够满足单元的动能和位能互相协调,计算出的质量矩阵称为协调质量矩阵或一致质量矩阵。单元质量矩阵表示为

$$[M] = \int [N]^{\mathrm{T}} \rho [N] \mathrm{d}V \tag{3.5}$$

式中,ρ、$[N]$ 分别为材料的密度和形函数矩阵。

2)集中质量矩阵

集中质量矩阵将单元的分布质量按照不改变单元质量中心的等效原则分配在各个节点上,这样形成的质量矩阵是对角矩阵。单元集中质量矩阵定义如下:

$$[M] = \int [\boldsymbol{\varPsi}]^{\mathrm{T}} \rho [\boldsymbol{\varPsi}] \mathrm{d}V \tag{3.6}$$

式中,$[\boldsymbol{\varPsi}]$ 为分配矩阵,在节点区域内取 1,在域外为 0。

计算经验表明,在单元数目相同的条件下,两种质量矩阵给出的计算精度是相差不多的。集中质量矩阵不但本身易于计算,而且它是对角矩阵,可使动力计算简化很多。但当采用高次单元时,推导集中质量矩阵是相对困难的(朱伯芳,2009)。

3. 阻尼矩阵的确定

根据阻尼的成因可以分为黏性阻尼和结构阻尼(王勖成,2003)。

1)黏性阻尼

将阻尼看成正比于节点的运动速度,称为黏性阻尼,其表达式为

$$[C]^{\mathrm{e}} = \int [N]^{\mathrm{T}} \mu [N] \mathrm{d}V \tag{3.7}$$

它消耗振动的动能。从协调质量矩阵计算公式(3.5)可知,这个阻尼矩阵与质量矩阵成正比,可以简化为

$$[C]^{\mathrm{e}} = \alpha_{\mathrm{m}} [M] \tag{3.8}$$

式中,α_{m} 为黏性阻尼系数。

2)结构阻尼

对于结构而言,阻尼并非黏性的,而主要是由材料内部的摩擦引起的,阻尼正比例于结构的变形速率 $\{\dot{\varepsilon}\}$,称为结构阻尼。可以表示为

$$[C]^{\mathrm{e}} = \int \mu [B]^{\mathrm{T}} [D] [B] \mathrm{d}V \tag{3.9}$$

根据刚度阵的表达式可知,这个阻尼矩阵与刚度矩阵成正比。可以简化为

$$[C]^e = \alpha_k [K] \tag{3.10}$$

式中，α_k 为结构阻尼系数。

在实际分析中，精确确定阻尼矩阵是相当困难的，阻尼矩阵 $[C]^e$ 通常采用瑞利阻尼理论（Idriss et al.，1973）确定。

3）瑞利阻尼

该理论一般假设阻尼由两部分组成：①与单元的应变速率成正比；②与结点的变位速率成正比。一般表示为

$$[C]^e = \alpha [M]^e + \beta [K]^e \tag{3.11}$$

式中，α 和 β 为阻尼系数。

根据阵型的正交性对式（3.11）进一步推导出瑞利阻尼比 λ 与频率 ω 之间的关系：

$$\lambda = \frac{1}{2}\left(\frac{\alpha}{\omega} + \beta\omega\right) \tag{3.12}$$

式中，λ 可以通过阻尼比与剪应变关系曲线求得；$\omega = 2\pi f$ 为圆频率。

由于堆石体的阻尼本身是与频率无关的，所以阻尼系数的取值必须使计算的阻尼在有效频率范围内与实测的阻尼比较接近。目前土工建筑物动力反应计算通常采用如下几种阻尼系数的计算方法。

（1）方法 1。

目前，我国土石坝工程应用较多的程序一般采用阻尼系数计算方法（Idriss et al.，1973）。假定瑞利阻尼的两个部分对阻尼贡献相等，这样在每一个单元中，α 和 β 可以表示为

$$\alpha = \lambda\omega_1, \quad \beta = \lambda/\omega_1 \tag{3.13}$$

当 $f = 1\text{Hz}$ 和 $\lambda = 0.05$ 时，计算得到的阻尼比和频率的关系曲线如图 3.1 所示。这种方法高估了所有频率范围内的阻尼，从而导致结构动力反应偏低。

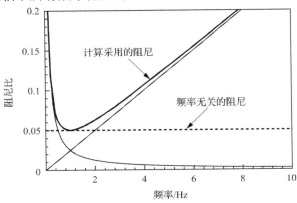

图 3.1　方法 1 阻尼比与频率关系

（2）方法 2。

首先定义一个结构敏感的频率范围 f_a 和 f_b，对于土工建筑物来说，一般取 $0.5\sim5$Hz。定义的频率边界处阻尼比可表示为

$$\lambda = \frac{\alpha}{2\omega_a} + \frac{\beta\omega_a}{2}$$

$$\lambda = \frac{\alpha}{2\omega_b} + \frac{\beta\omega_b}{2} \tag{3.14}$$

这样计算得到的阻尼比和频率关系曲线如图 3.2 所示，很显然这种方法低估了 f_a 和 f_b 之间的阻尼，高估了频率范围之外的阻尼，一般情况下，计算的动力反应偏高。

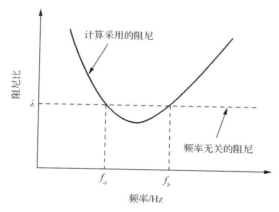

图 3.2　方法 2 阻尼比与频率关系

（3）方法 3。

在方法 2 的基础上，Yoshida 等（2002）进行了改进，令

$$\frac{\mathrm{d}\lambda}{\mathrm{d}\omega} = -\frac{\alpha}{2\omega^2} + \frac{\beta}{2} = 0 \tag{3.15}$$

可以得到

$$\lambda_{\min} = \sqrt{\alpha\beta} \tag{3.16}$$

因此，在选定的频率范围边界处的阻尼比可表示为

$$\lambda_{\max} = \frac{\alpha}{2\omega_a} + \frac{\beta\omega_a}{2}$$

$$\lambda_{\max} = \frac{\alpha}{2\omega_b} + \frac{\beta\omega_b}{2} \tag{3.17}$$

可以定义 $\lambda_0 = (\lambda_{\max} + \lambda_{\min})/2$。

根据式（3.17）可以求出阻尼系数 α 和 β，而当计算得到的阻尼比 $\lambda < \lambda_0$ 时，令 $\lambda = \lambda_0$。此方法计算得到的阻尼比和频率的关系曲线如图 3.3 所示。这样可以部

分弥补所低估的 f_a 和 f_b 之间的阻尼比。

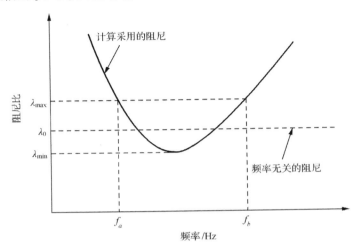

图 3.3 方法 3 阻尼比与频率关系

（4）方法 4。

Idriss 等（1973）针对仅采用基频确定阻尼系数（方法 1）的缺点，进行了适当的改进，确定了新的瑞利阻尼系数取值方法。新方法采用两个频率 ω_1 和 ω_2 来确定 α 和 β。其中，ω_1 采用了结构的基频，$\omega_2 = n\omega_1$，n 为大于 ω_e/ω_1 的奇数，其中 ω_e 为地震波的主频。这样，α 和 β 可以表示为

$$\alpha = 2\lambda \frac{\omega_1\omega_2}{\omega_1 + \omega_2} \tag{3.18}$$

$$\beta = 2\lambda \frac{1}{\omega_1 + \omega_2} \tag{3.19}$$

这种方法既考虑了结构的频率特性，也考虑了地震动的频谱特性，相对比较合理，但这种方法同样存在 ω_1 和 ω_2 范围内低估结构阻尼的缺陷。

（5）方法 5。

邹德高等（2011a）采用 Idriss 等提出的方法确定频率 ω_1 和 ω_2，采用 Yoshida 提出的方法来确定阻尼系数 α 和 β。此时，改进后的方法既可考虑结构的频率特性及地震动本身的频谱特性，又不会过多低估结构在 ω_1 和 ω_2 范围内的阻尼，这样计算得到的阻尼矩阵将更为合理。

4. 动力反应控制方程求解方法

求解控制方程中未知运动变量的方法可分为解析法和数值法两大类。只有简单荷载（如简谐荷载、等周期性荷载和单一脉冲荷载）作用下的单自由体系可以采用解析法求解，其他情况下多采用数值法求解。采用数值法时可以从频域和时域

两个方面出发,即采用频域分析法和时域分析法分别求解。频域分析法基于傅里叶变换求解结构的瞬态动力响应,在频域内将结构的整体响应分解为一系列简单响应的叠加。时域分析法求解动力控制方程时有两种方法,即振型叠加法和逐步积分法。对于多自由度结构的动力反应,振型叠加法基于结构的模态分析,使用正规坐标将 N 个耦合的运动方程转换成 N 个非耦合的方程。振型叠加法只需对一系列单自由度体系进行反应分析,是一种非常有效的计算方法。而对于土石坝这种非线性体系,随着坝高的增加,高阶阵型参与增强,振型叠加法在土石坝动力分析中有一定的局限性。目前,逐步积分法求解非线性动力控制方程的应用较为广泛,主要包括 Gauss 法(常加速度法)、线加速度法、Wilson-θ 法和 Newmark 法等。

设 Δt 为积分步长,$\{u\}_n$、$\{\dot{u}\}_n$、$\{\ddot{u}\}_n$ 和 $\{u\}_{n+1}$、$\{\dot{u}\}_{n+1}$、$\{\ddot{u}\}_{n+1}$ 为时段开始和结束时的位移、速度和加速度向量,则

$$\left.\begin{aligned} \{\dot{u}\}_{n+1} &= \{\dot{u}\}_n + \int_0^{\Delta t} \{\ddot{u}\} \mathrm{d}t \\ \{u\}_{n+1} &= \{u\}_n + \int_0^{\Delta t} \{\dot{u}\} \mathrm{d}t \end{aligned}\right\} \quad (3.20)$$

1) Gauss 法(常加速度法)

Gauss 法假定 $\{\ddot{u}\} = \dfrac{1}{2}[\{\ddot{u}\}_n + \{\ddot{u}\}_{n+1}]$,代入式(3.20)可得

$$\left.\begin{aligned} \{\dot{u}\}_{n+1} &= \{\dot{u}\}_n + \frac{1}{2}\Delta t[\{\ddot{u}\}_n + \{\ddot{u}\}_{n+1}] \\ \{u\}_{n+1} &= \{u\}_n + \Delta t\{\dot{u}\}_n + \frac{1}{4}\Delta t^2[\{\ddot{u}\}_n + \{\ddot{u}\}_{n+1}] \end{aligned}\right\} \quad (3.21)$$

由此可解得

$$\left.\begin{aligned} \{\ddot{u}\}_{n+1} &= \frac{4}{\Delta t^2}[\{u\}_{n+1} - \{u\}_n] - \frac{4}{\Delta t}\{\dot{u}\}_n - \{\ddot{u}\}_n \\ \{\dot{u}\}_{n+1} &= \frac{2}{\Delta t}[\{u\}_{n+1} - \{u\}_n] - \{\dot{u}\}_n \end{aligned}\right\} \quad (3.22)$$

对式(3.22)变换可得

$$\left.\begin{aligned} \{\ddot{u}\}_{n+1} &= \frac{4}{\Delta t^2}\{u\}_{n+1} - \{A\}_n \\ \{\dot{u}\}_{n+1} &= \frac{2}{\Delta t}\{u\}_{n+1} - \{B\}_n \end{aligned}\right\} \quad (3.23)$$

式中,$\{A\}_n$、$\{B\}_n$ 分别如式(3.24)所示:

$$\left.\begin{aligned} \{A\}_n &= \frac{4}{\Delta t^2}\{u\}_n + \frac{4}{\Delta t}\{\dot{u}\}_n + \{\ddot{u}\}_n \\ \{B\}_n &= \frac{2}{\Delta t}\{u\}_n + \{\dot{u}\}_n \end{aligned}\right\} \quad (3.24)$$

把式(3.24)代入动力反应控制方程(3.4)中可得

$$[\bar{K}]\{u\}_{n+1} = \{\bar{R}\} \tag{3.25}$$

式中

$$\left. \begin{aligned} [\bar{K}] &= [K] + \frac{2}{\Delta t}[C] + \frac{4}{\Delta t^2}[M] \\ \{\bar{R}\} &= -[M]\{\ddot{u}_g\}_{n+1} + [M]\{A\}_n + [C]\{B\}_n \end{aligned} \right\} \tag{3.26}$$

2）线加速度法

线加速度法假设在积分时步 Δt 内任意时刻 τ 的加速度表示为

$$\{\ddot{u}\}_\tau = \{\ddot{u}\}_n + \tau\frac{[\{\ddot{u}\}_{n+1} - \{\ddot{u}\}_n]}{\Delta t} \tag{3.27}$$

$$\left. \begin{aligned} \{\dot{u}\}_{n+1} &= \{\dot{u}\}_n + \frac{1}{2}\Delta t[\{\ddot{u}\}_n + \{\ddot{u}\}_{n+1}] \\ \{u\}_{n+1} &= \{u\}_n + \Delta t\{\dot{u}\}_n + \frac{1}{3}\Delta t^2\{\ddot{u}\}_n + \frac{1}{6}\Delta t^2\{\ddot{u}\}_{n+1} \end{aligned} \right\} \tag{3.28}$$

由此可解得

$$\left. \begin{aligned} \{\ddot{u}\}_{n+1} &= \frac{6}{\Delta t^2}\{u\}_{n+1} - \{A\}_n \\ \{\dot{u}\}_{n+1} &= \frac{3}{\Delta t}\{u\}_{n+1} - \{B\}_n \end{aligned} \right\} \tag{3.29}$$

式中，$\{A\}_n$、$\{B\}_n$ 分别如式(3.30)所示：

$$\left. \begin{aligned} \{A\}_n &= \frac{6}{\Delta t^2}\{u\}_n + \frac{6}{\Delta t}\{\dot{u}\}_n + 2\{\ddot{u}\}_n \\ \{B\}_n &= \frac{3}{\Delta t}\{u\}_n + 2\{\dot{u}\}_n + \frac{1}{2}\Delta t\{\ddot{u}\}_n \end{aligned} \right\} \tag{3.30}$$

把式(3.29)代入动力反应控制方程(3.4)中可得

$$[\bar{K}]\{u\}_{n+1} = \{\bar{R}\} \tag{3.31}$$

式中

$$\left. \begin{aligned} [\bar{K}] &= [K] + \frac{3}{\Delta t}[C] + \frac{6}{\Delta t^2}[M] \\ \{\bar{R}\} &= -[M]\{\ddot{u}_g\}_{n+1} + [M]\{A\}_n + [C]\{B\}_n \end{aligned} \right\} \tag{3.32}$$

3）Wilson-θ 法

Wilson-θ 法是在线加速度法的基础之上发展的，它假定加速度在 $\theta\Delta t$ 时段内呈线性变化，是一种超前的线加速度法：

$$\{\ddot{u}\}_{n+\theta} = \{\ddot{u}\}_n + \theta[\{\ddot{u}\}_{n+1} - \{\ddot{u}\}_n] \tag{3.33}$$

参照式(3.21)后可得

$$\left.\begin{aligned} \{\dot{u}\}_{n+\theta} &= \{\dot{u}\}_n + \theta\Delta t\{\ddot{u}\}_n + \frac{\theta^2\Delta t}{2}\big[\{\ddot{u}\}_{n+1} - \{\ddot{u}\}_n\big]\\ \{u\}_{n+\theta} &= \{u\}_n + \theta\Delta t\{\dot{u}\}_n + \frac{(3-\theta)\theta^2\Delta t^2}{6}\{\ddot{u}\}_n + \frac{\theta^3\Delta t^2}{6}\{\ddot{u}\}_{n+1} \end{aligned}\right\} \quad (3.34)$$

由式(3.21)变换可得

$$\{\ddot{u}\}_{n+1} = \frac{6}{\Delta t^2}\big[\{u\}_{n+1} - \{u\}_n\big] - \frac{6}{\Delta t}\{\dot{u}\}_n - 2\{\ddot{u}\}_n \quad (3.35)$$

将式(3.35)代入式(3.33)和式(3.34)中

$$\left.\begin{aligned} \{\ddot{u}\}_{n+\theta} &= \frac{6\theta}{\Delta t^2}\{u\}_{n+1} - \{A\}_n\\ \{\dot{u}\}_{n+\theta} &= \frac{3\theta^2}{\Delta t}\{u\}_{n+1} - \{B\}_n\\ \{u\}_{n+\theta} &= \theta^3\{u\}_{n+1} - \{D\}_n \end{aligned}\right\} \quad (3.36)$$

式中，$\{A\}_n$、$\{B\}_n$ 和 $\{D\}_n$ 分别如式(3.37)所示：

$$\left.\begin{aligned} \{A\}_n &= \frac{6\theta}{\Delta t^2}\{u\}_n + \frac{6\theta}{\Delta t}\{\dot{u}\}_n + (1-3\theta)\{\ddot{u}\}_n\\ \{B\}_n &= \frac{3\theta^2}{\Delta t}\{u\}_n + (3\theta^2-1)\{\dot{u}\}_n + \Big(\frac{3\theta}{2}-1\Big)\theta\Delta t\{\ddot{u}\}_n\\ \{D\}_n &= (\theta^3-1)\{u\}_n + (\theta^2-1)\theta\Delta t\{\dot{u}\}_n + \frac{(\theta-1)\theta^2\Delta t^2}{2}\{\ddot{u}\}_n \end{aligned}\right\} \quad (3.37)$$

将式(3.36)代入动力反应控制方程(3.4)即可求得

$$[\bar{K}]\{u\}_{n+1} = \{\bar{R}\} \quad (3.38)$$

式中

$$\left.\begin{aligned} [\bar{K}] &= \theta^3[K] + \frac{3\theta^2}{\Delta t}[C] + \frac{6\theta}{\Delta t^2}[M]\\ \{\bar{R}\} &= -[M]\{\ddot{u}_g\}_{n+\theta} + [M]\{A\}_n + [C]\{B\}_n + [K]\{D\}_n \end{aligned}\right\} \quad (3.39)$$

4) Newmark 法

Newmark 法通过引入参数 α 和 β，并采用式(3.20)的假设：

$$\left.\begin{aligned} \{\dot{u}\}_{n+1} &= \{\dot{u}\}_n + (1-\alpha)\Delta t\{\ddot{u}\}_n + \alpha\Delta t\{\ddot{u}\}_{n+1}\\ \{u\}_{n+1} &= \{u\}_n + \Delta t\{\dot{u}\}_n + \Big(\frac{1}{2}-\beta\Big)\Delta t^2\{\ddot{u}\}_n + \beta\Delta t^2\{\ddot{u}\}_{n+1} \end{aligned}\right\} \quad (3.40)$$

当 $\alpha=\dfrac{1}{2}$，$\beta=\dfrac{1}{4}$ 时，式(3.40)退化为 Gauss 法(常加速度法)；当 $\alpha=\dfrac{1}{2}$，$\beta=\dfrac{1}{6}$ 时，通过式(3.40)可得到线加速度法。

由式(3.40)变换可得

$$\left.\begin{array}{l}\{\ddot{u}\}_{n+1} = \dfrac{1}{\beta\Delta t^2}\{u\}_{n+1} - \{A\}_n \\[3mm] \{\dot{u}\}_{n+1} = \dfrac{\alpha}{\beta\Delta t}\{u\}_{n+1} - \{B\}_n\end{array}\right\} \tag{3.41}$$

式中，$\{A\}_n$、$\{B\}_n$ 分别如式(3.42)所示：

$$\left.\begin{array}{l}\{A\}_n = \dfrac{1}{\beta\Delta t^2}\{u\}_n + \dfrac{1}{\beta\Delta t}\{\dot{u}\}_n + \left(\dfrac{1}{2\beta}-1\right)\{\ddot{u}\}_n \\[3mm] \{B\}_n = \alpha\Delta t\{A\}_n - \{\dot{u}\}_n - (1-\alpha)\Delta t\{\ddot{u}\}_n\end{array}\right\} \tag{3.42}$$

将式(3.41)代入动力反应控制方程(3.4)中可得式(3.43)：

$$[\bar{K}]\{u\}_{n+1} = \{\bar{R}\} \tag{3.43}$$

式中

$$\left.\begin{array}{l}[\bar{K}] = [K] + \dfrac{\alpha}{\beta\Delta t}[C] + \dfrac{1}{\beta\Delta t^2}[M] \\[3mm] \{\bar{R}\} = -[M]\{\ddot{u}_\mathrm{g}\}_{n+1} + [M]\{A\}_n + [C]\{B\}_n\end{array}\right\} \tag{3.44}$$

以上介绍的各种数值积分方法将动力控制方程转换成与式(3.43)统一格式的平衡方程组进行求解。由于筑坝材料应力$\{\sigma\}$与应变$\{\varepsilon\}$呈非线性关系，结构的平衡方程组是应变的一个非线性方程组，也是节点位移的一个非线性方程组，因此要计算面板堆石坝的变形和应力状态必须对非线性方程组进行求解。

3.1.2　面板堆石坝分析中的单元类型

由于堆石体和面板的力学性质及反应性态有所差异，处理成统一的结构，必然存在两者材料不连续和接触界面不协调的问题，所以在有限元计算中单元类型的选取有必要分别对待。

1. 堆石体单元

堆石体单元通常采用连续介质块体等参单元，常用的有四边形四节点等参单元(二维)和六面体八结点等参单元(三维)。为了适应边界的不规则形状，可将四边形等参单元退化为三角形单元(图3.4)，六面体等参单元退化为四面体、四棱锥和三棱柱单元(图3.5)。

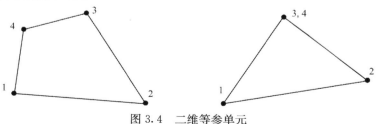

图 3.4　二维等参单元

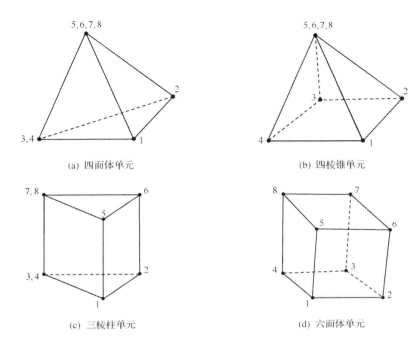

(a) 四面体单元　　　　　　　　　　　　　(b) 四棱锥单元

(c) 三棱柱单元　　　　　　　　　　　　　(d) 六面体单元

图 3.5　三维等参单元

对于二维四边形等参单元的位移模式,可以表示为

$$u = \sum_{i=1}^{4} N_i u_i \qquad (3.45)$$

坐标变换式

$$x = \sum_{i=1}^{4} N_i x_i \qquad (3.46)$$

形函数

$$N_i = \frac{1}{4}(1 + \xi_i \xi)(1 + \eta_i \eta), \qquad i = 1,2,3,4 \qquad (3.47)$$

对于二维平面应变问题有

$$\{\sigma\} = [D]\{\varepsilon\} = [D][B]\{\delta\}^e \qquad (3.48)$$

$$[B_i] = \begin{bmatrix} \dfrac{\partial N_i}{\partial x} & 0 \\ 0 & \dfrac{\partial N_i}{\partial y} \\ \dfrac{\partial N_i}{\partial y} & \dfrac{\partial N_i}{\partial x} \end{bmatrix} \qquad (3.49)$$

$$[D_i] = \frac{E(1-\mu)}{(1+\mu)(1-2\mu)} \begin{bmatrix} 1 & \dfrac{\mu}{1-\mu} & 0 \\ \dfrac{\mu}{1-\mu} & 1 & 0 \\ 0 & 0 & \dfrac{1-2\mu}{2(1-\mu)} \end{bmatrix} \tag{3.50}$$

2. 面板单元

面板单元可以采用和堆石单元相同的单元类型来模拟。考虑到面板极薄且长,如果面板和堆石体都采用等参元,将会有单元划分狭长性的影响;另外由于面板两侧承受不同的荷载,面板有可能承担一定的弯矩,所以可以采用梁单元模拟面板单元(徐艳杰,1995)。

对于如图 3.6 所示的平面梁,单元两端各有一个节点,每个节点包括轴向位移 U、法向位移 V 和转角 θ,与之相应的有轴力 T、剪力 Q 和弯矩 M。局部坐标下结点位移和力的关系用矩阵表达如下:

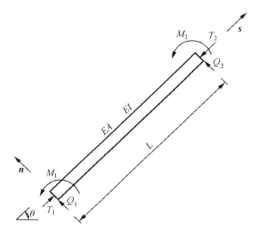

图 3.6　平面梁单元

$$\begin{bmatrix} \dfrac{EA}{L} & & & & & \text{对} \\ 0 & \dfrac{12EI}{L^3} & & & & \\ 0 & \dfrac{6EI}{L^2} & \dfrac{4EI}{L^2} & & & \text{称} \\ -\dfrac{EA}{L} & 0 & 0 & \dfrac{EA}{L} & & \\ 0 & \dfrac{-12EI}{L^3} & \dfrac{-6EI}{L^2} & 0 & \dfrac{12EI}{L^3} & \\ 0 & \dfrac{6EI}{L^2} & \dfrac{2EI}{L} & 0 & \dfrac{-6EI}{L^2} & \dfrac{4EI}{L} \end{bmatrix} \begin{bmatrix} U_1 \\ V_1 \\ \theta_1 \\ U_2 \\ V_2 \\ \theta_2 \end{bmatrix} = \begin{bmatrix} T_1 \\ Q_1 \\ M_1 \\ T_2 \\ Q_2 \\ M_2 \end{bmatrix} \tag{3.51}$$

式中,E、L、A 和 I 分别为梁的弹性模量、长度、截面积和惯性矩。

梁中点上、下纤维应力按式(3.52)计算:

$$\sigma_{\text{上}} = \frac{T_1}{A} - \frac{Q_1 L}{2W} + \frac{M_1}{W}$$

$$\sigma_{\text{下}} = \frac{T_1}{A} + \frac{Q_1 L}{2W} - \frac{M_1}{W}$$

(3.52)

式中，W 为横截面积的截面模量。

徐艳杰（1995）对 200m 高的均质面板坝进行二维动力反应分析，对比了分别采用梁单元和四边形单元模拟面板时的计算结果（表 3.1 和图 3.7）。从计算精度上说，四边形等参单元和梁单元模拟面板对计算结果几乎没有影响。

表 3.1　面板分别采用梁单元和四边形单元模拟的计算结果

动力反应极值	坝顶加速度/(m/s²)		坝顶动位移/cm		面板应力/MPa	
	向下游	向上游	向下游	向上游	拉	压
梁单元	8.483	5.404	11.161	11.977	11.39	16.65
四边形单元	8.425	5.374	11.098	11.901	11.49	16.60
相对误差/%	0.68	0.56	0.65	0.63	0.88	0.30

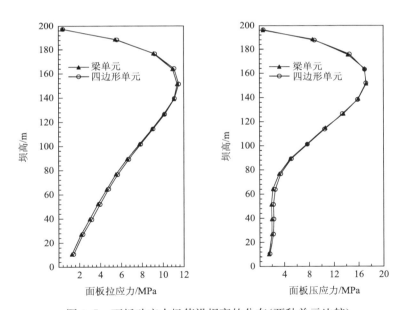

图 3.7　面板动应力极值沿坝高的分布（两种单元比较）

3. 界面单元

混凝土面板与堆石料间力学性质相差悬殊，介质不连续，混凝土变形模量成百倍地高于堆石的变形模量。因此，通常在面板和堆石之间设置界面单元以模拟强震时面板与堆石之间有可能表现出的错动、张开和闭合等力学特性。面板和堆石体间的接触界面并不是一个有形的实体,只是由于两侧材料尺寸和性质的悬殊而形成的一种力学特性而已,有限元计算中,在接触界面上设置单元是为了过渡这种悬殊的差异,合理模拟接触界面的力学性质。

1) Goodman 接触面单元

在面板堆石坝动力反应的有限元计算中,通常采用 Goodman 接触面单元模拟面板和堆石体之间的接触特性。

如图 3.8 所示,这种单元假定两片长度为 L 的接触面以无数微小的切向和法向弹簧连接,接触面单元与相邻接触面两边的单元只在结点处有力的联系。该接触面假定接触面两点间位移线性变化。接触面应力和位移的关系表示为

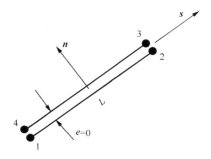

图 3.8　二维 Goodman 接触面单元

$$\begin{bmatrix} \tau \\ \sigma_n \end{bmatrix} = \begin{bmatrix} k_s & \\ & k_n \end{bmatrix} \begin{bmatrix} \Delta u \\ \Delta v \end{bmatrix} \tag{3.53}$$

式中,τ 和 σ_n 分别为接触面上的剪切应力和法向应力;k_s 和 k_n 分别为接触面上的切向和法向单位长度的刚度系数;Δu 和 Δv 分别为切向和法向的相对位移,可通过式(3.54)计算

$$\Delta u = \frac{u_1 + u_2}{2} - \frac{u_3 + u_4}{2}$$
$$\Delta v = \frac{v_1 + v_2}{2} - \frac{v_3 + v_4}{2} \tag{3.54}$$

2) 各向异性薄层单元

虽然 Goodman 接触面单元考虑了接触界面的各种力学特性,应用于实际也得到了较好的结果,但是从程序的实现到动力参数的选取都很复杂,而且由于试验资料少,参数的选取有很大的不确定性。对面板来说,由于混凝土直接浇在垫层上,两者本来是互相嵌入的,当库水压力作用在面板上时两者之间一般不会脱开。这样看来,只需布置一些薄单元逐步过渡混凝土与堆石之间相差悬殊的刚度就可以了。

薄层单元和一般的块体单元相同,由于接触界面承受剪切的能力比较弱,使其法向刚度和切向刚度具有很大的差别,所以要将其单元弹性矩阵进行适当的处理

（殷宗泽等,1994）。弹性矩阵的形式与一般平面单元的形式相同,即

$$[D] = \begin{bmatrix} D_{11} & D_{12} & 0 \\ D_{21} & D_{22} & 0 \\ 0 & 0 & D_{33} \end{bmatrix} \tag{3.55}$$

式中, $D_{11} = D_{22} = \dfrac{E(1-\mu)}{(1+\mu)(1-2\mu)}$; $D_{12} = D_{21} = \dfrac{\mu E}{(1+\mu)(1-2\mu)}$; $D_{33} \neq G_0 = \dfrac{E}{2(1+\mu)}$ 。其中, E 是薄层单元的弹性模量,因为接触界面是堆石和混凝土的混合层,所以可以根据混凝土与堆石料加权平均确定; μ 为泊松比,可取 0.3。矩阵中的 D_{33} 项反映的是材料的抗剪切能力,对于各向同性材料应该是初始剪切模量 G_0 ,但是,对于混凝土面板与堆石料的接触界面来说,应视为各向异性,因此将 D_{33} 赋值为薄层单元的剪切模量 G ,以模拟面板与堆石体间允许的相对变形。

薄层单元的剪切模量可通过式（3.56）计算:

$$G = \frac{G_{01}W_1 + G_{02}W_2}{W_1 + W_2} \tag{3.56}$$

式中, G_{01} 和 G_{02} 分别为混凝土和堆石的初始剪切模量; W_1 和 W_2 为相应的权重。

徐艳杰（1995）和吕凯歌（1999）进行了 Goodman 单元和薄层单元的比较分析。结果表明:薄层单元的剪切模量的大小对面板坝地震反应影响不大,主要是起缓解面板与堆石体接触面应力和变形梯度过大的作用,只要适当地选取模量加权系数即可,如表 3.2 所示。薄层单元的厚度必须在一定的范围内才能满足精度的要求。厚度太大,会与实际结构相差太远,计算结果难以描述实际;厚度太小,则会导致单元过于狭长,而使误差增大,甚至导致计算的不稳定。因此,必须选取一个合适的厚度。当薄层单元厚度与单元长度的比值 B/L 大致保持在 0.005～0.05 时,都可以得到很好的精度。考虑网格剖分的方便,有限元分析时薄层的厚度可取为 0.05～0.1m（表 3.3）。

表 3.2　薄层单元取不同模量权重比时的计算结果

动力反应极值		坝顶加速度/(m/s²)		坝顶位移/cm		面板应力/MPa		最大相对误差/%
		向下游	向上游	向下游	向上游	拉	压	
Goodman 单元		8.425	5.374	11.090	11.902	11.49	16.60	
薄层单元 $W_1:W_2$	1:2	8.457	5.895	11.141	11.934	12.03	17.61	6.08
	1:1	8.481	5.425	11.177	11.964	12.14	17.84	7.42
	2:1	8.485	5.410	11.162	11.970	12.01	17.83	7.41
	4:1	8.483	5.461	11.155	11.945	11.93	17.47	5.24
	6:1	8.473	5.397	11.169	11.937	12.23	17.75	6.93
	1:0	8.468	5.415	11.154	11.960	11.95	17.65	6.33

表3.3　薄层单元取不同厚度时的计算结果

动力反应极值		坝顶加速度/(m/s²)		坝顶动位移/cm		面板应力/MPa		最大相对误差/%
		向下游	向上游	向下游	向上游	拉	压	
Goodman 单元		8.425	5.374	11.090	11.902	11.49	16.60	
薄层单元厚度/m	2.0	8.501	5.423	11.017	11.090	12.57	18.65	12.35
	1.0	8.373	5.301	11.018	11.858	11.75	17.29	4.15
	0.5	8.365	5.326	11.027	11.842	11.65	16.99	2.35
	0.1	8.368	5.338	11.009	11.825	11.51	16.70	0.60
	0.05	8.356	5.333	11.033	11.793	11.47	16.55	0.30
	0.01	8.306	5.179	11.198	12.056	12.35	18.13	9.22
	0.005	8.074	5.296	11.848	11.151	12.90	13.40	19.28

3.1.3　面板堆石坝分析中的本构模型

　　筑坝堆石料、面板与堆石间接触面的材料力学特性是进行混凝土面板堆石坝数值分析的主要问题。筑坝堆石料的变形特性是影响大坝变形规律和面板应力大小的根本因素,不同类型(如非线性弹性和弹塑性)的本构模型会引起大坝变形规律的差异,进而引起面板应力大小和分布规律的差别。此外,面板应力的大小和分布规律还与面板与垫层间的接触特性有明显的相关性,两者之间接触面的变形规律也会引起面板应力的差异。因此许多学者在这方面进行了大量的理论研究,并提出了许多不同特点的本构模型。表3.4为一些常用的筑坝堆石料的本构模型简介,包括静力、动力以及永久变形模型。表3.5为目前混凝土面板堆石坝常用的一些接触面本构模型。面板间缝(竖缝和横缝)对面板的应力也有显著的影响,许多学者(顾淦臣,1988;邹德高等,2009)对面板间接触问题进行研究,并提出了面板间缝的处理方法(表3.6)。

表3.4　常用的筑坝堆石料本构模型

适用条件	代表模型	模型简介
静力分析	Duncan-Chang 模型	Duncan 和 Chang(1970)提出了 E-ν 模型,模型共有 10 个参数;1980 年 Duncan 提出了修正模型 E-B 模型,共有 9 个参数。Duncan-Chang 模型不能反映堆石料的软化和剪胀特性
	K-G 模型	K-G 模型最初由 Naylor(1978)提出,与 Duncan-Chang 模型一样不能很好地反映应力路径的影响。高莲士等(2001)根据多种复杂应力路径的试验,对 K-G 模型进行了研究和改进,提出了非线性解耦 K-G 模型(清华 K-G 模型),能较好地反映应力路径的影响

适用条件	代表模型	模型简介
静力分析	南水（沈珠江）模型	沈珠江(1990)在吸收了 Duncan-Chang 模型和剑桥模型等的优点的基础上,提出了一个双屈服面模型,即南水模型。该模型不仅能够反映出土体的剪胀和剪缩特性,还能对复杂应力状态具有良好的适用性。这种模型具备剑桥模型的应力-应变关系形式,且其模型参数能如同 Duncan-Chang 模型那样通过拟合试验应力-应变关系曲线得出
	殷宗泽模型	殷宗泽(1988)提出了椭圆-抛物线双屈服面模型。殷宗泽假定土体的塑性变形由两部分组成:一是与土体的压缩有关,主要表现那些滑移后引起体积压缩的颗粒的位移特性;二是与土体的膨胀有关,体现那些滑移后导致体积膨胀的颗粒的位移特性。两个屈服面都采用相关联流动法则
	Lade 模型	Lade 和 Duncan(1975)提出了一个双屈服面模型。两个屈服面分别为压缩和剪切屈服面,各自是压缩和剪切塑性功的等值线。压缩屈服面假定正交流动法则,剪切屈服面采用了非正交的势函数
动力分析	等效线性模型	等效线性模型有很多种,如 Hardin-Drnevich 模型(Hardin and Drnevich,1972)、Ramberg-Osgood 模型、沈珠江和徐刚(1996)提出的模型,不同模型的差别主要在于描述骨架曲线(模量)和滞回圈(阻尼)形式的差别。最简单的确定等效剪切模量和等效阻尼比的办法是直接根据试验测定的 G_{eq} 和 λ_{eq} 与动应变的关系的数据点进行插值查取,无需定义准确的骨架曲线和滞回圈形式,使用较方便
	真非线性模型	真非线性模型是由李万红和中国水利水电科学研究院汪闻韶院士(1993)提出的,赵剑明等(2003,2004)将该模型进行了完善,并应用于面板堆石坝的动力分析。该模型由初始加荷曲线、移动的骨干曲线和开放的滞回圈组成。在动力分析中可以随时计算切线模量并进行非线性计算,这样得到的动力响应过程能够更好地接近实际情况。与基于 Masing 准则的非线性模型相比,增加了初始加荷曲线,对剪应力比超过屈服剪应力比时的剪应力-应变关系的描述较为合理,滞回圈是开放的,考虑了振动次数和初始剪应力比等对变形规律的影响
永久变形分析	残余变形模型	目前残余变形计算方法一般都采用应变势法,即根据静力、动力分析和循环三轴试验确定坝体单元的残余应变势,然后通过等效结点力法计算永久变形。常用的残余变形模型有两种,仅考虑剪切变形的模型,如谷口模型(Taniguchi et al.,1983)及其修正模型(孔宪京和韩国城,1994);同时考虑剪切变形和体积变形的模型,包括沈珠江残余变形模型(沈珠江和徐刚,1996)、改进的沈珠江残余变形模型(邹德高等,2008)和水科院模型(刘小生等,2005)以及大连理工大学提出的双曲线残余变形模型(杨青坡,2014)

适用条件	代表模型	模型简介
静、动力和永久变形统一分析	广义塑性模型	在 Zienkiewicz 和 Mroz(1984)提出广义塑性力学的基本思想之后,Pastor 等(1990)对其基本框架进行了扩展并基于该理论建立了适用于黏土和砂土的 Pastor-Zienkiewicz 本构模型(简称 P-Z 模型)。P-Z 模型具有许多优点,包括不需要定义塑性势面函数直接确定塑性流动方向;不需要定义加载函数直接确定加载方向;不需要依据相容性条件直接确定塑性模量;可以考虑剪胀和剪缩以及循环累计残余变形。此外,P-Z 模型框架清晰,便于在有限元程序中实现,用一套参数即可完成土工建筑物的静、动力分析过程。一些学者根据原有模型的思路,对 P-Z 模型进行了进一步的改进。如考虑土的各向异性(Pastor,1991)、主应力轴旋转(Sassa and Sekiguchi,2001)、应力水平及循环硬化对土的变形特性的影响(Ling and Liu,2003)、反映较大围压和较大密实度范围的土的变形特性(Ling and Yang,2006;Manzanal et al.,2011;Liu and Zou,2013;Liu H B,et al.,2014)。目前,P-Z 模型在地下管线、地铁、加筋挡土墙和心墙堆石坝等方面均有所应用(Alyami et al.,2000;Sun,2001;刘华北和 Ling,2004;刘华北和宋二祥,2005;刘华北,2006;Li and Zhang,2010;邹德高等,2011b;陈生水等,2012;Xu et al.,2012)

表 3.5　常用面板与垫层接触面本构模型

适用条件	代表模型	模型简介
静力分析	双曲线模型	模型由 Clough 和 Duncan(1971)提出。假定各方向的剪切特性相互独立,互不影响,并假定法向位移为零
动力分析	动力双曲线模型	吴军帅和姜朴(1992)参考土的动力等效剪切模量,提出了接触面的等效动剪切刚度的定义,给出了与附近土体动剪应变的关系
静力、动力和永久变形分析	理想弹塑性模型	该模型假定各方向的剪切特性相互独立,互不影响,并假定法向位移为零。剪切模量只与当前法向应力相关
	EDPI 模型	清华大学(张嘎和张建民,2005,2007)提出了一个弹塑性接触面损伤模型,该模型能够较为合理地描述土与结构接触面的剪切位移和法向位移的变化规律,而且还能模拟混凝土面板和垫层接触面之间的滑移和脱开的不连续性
	广义塑性接触面模型	刘华北等(Liu et al.,2006;Liu and Ling,2008)在广义塑性模型框架下提出了二维广义塑性接触面模型,大连理工大学(Liu J M et al.,2014)在二维广义塑性接触面模型的基础上,提出了三维广义塑性接触面模型。广义塑性接触面模型可以用一组参数较好地反映三维条件下不同围压和不同密实度接触面的单调和循环荷载变形特性,包括剪胀、剪缩、硬化、软化、残余变形及颗粒破碎。可以更好地反映地震荷载下接触面的塑性剪切位移特性,能较好地反映接触面的剪胀、剪缩特性,并且还可以记忆面板与垫层间的张开量和剪胀(或剪缩)量

表 3.6　止水片受力与变形关系(顾淦臣,1988)

受力情况	止水铜片	止水塑料片
拉	$\delta = F/(a+bF)$ $a = 175, \quad b = 47.6$	$F = K\delta$ $K = 4000, \quad \delta < 0.0115$ $K = 600, \quad \delta \geqslant 0.0115$
压	$\delta = F/(a+bF)$ $a = 650, \quad b = 41$	$F = K\delta$ $K = 530, \quad \delta < 0.0115$ $K = 196, \quad \delta \geqslant 0.0115$
沿面板法向剪切	$\delta = F/(a+bF)$ $a = 225, \quad b = 40$	$F = K\delta$ $K = 0$
沿趾板走向剪切(周边缝) 沿顺坡向剪切(面板垂直缝)	$F = K\delta$ $K = 608, \quad \delta < 0.0125$ $K = 560, \quad \delta \geqslant 0.0125$	$F = K\delta$ $K = 1400$

注：δ 单位为 m；F 单位为 kN/m^2。

3.1.4　动力反应分析方法

面板坝地震动力反应分析方法大体可分为两大类,一类是基于等效线性模型的等价线性分析方法,另一类是基于弹塑性模型的非线性动力分析方法。

1. 等价线性分析

等价线性分析所采用的模型简单,在参数的确定和应用方面积累了较为丰富的试验资料和工程经验。虽然等价线性分析在计算土体残余变形、考虑实际应力路径、反应土体的各向异性及描述土体大应变时的特性等方面存在局限性,但该法能相对合理地确定土体在地震作用下的剪应力、剪应变和加速度反应,在土体动力分析中应用相对较广。

采用等效线性模型进行动力反应分析时,主要有以下步骤。

(1) 根据静力有限元方法计算出土体中各单元的震前平均有效应力。

(2) 计算土体单元的初始动剪切模量 G_{max},土体单元的初始阻尼比根据经验取为 5%。

(3) 根据弹性参数 G_n 和阻尼比 λ_n 及其物理参数组装刚度矩阵、阻尼矩阵和质量矩阵。

(4) 采用逐步积分法求解运动方程。将整个地震历程划分为若干个大时段,再将每个大时段分为 $\Delta t = 0.02s$ 的细时间步长。假定在该时段内等效剪切模量和阻尼比保持不变,按时间步长 Δt 进行本时段的地震反应计算,得到各个单元在该时段的动剪应变的时程，并确定最大动剪应变 γ_{max}，计算得到等效动剪应变为$\gamma_{eq}=0.65\gamma_{max}$。根据等效剪切模量和阻尼比与等效动剪应变的关系，计算得到新的等效剪切模量 G_{n+1} 和阻尼比 λ_{n+1}。如果各个单元 G_{n+1} 和 λ_{n+1} 与 G_n 和 λ_n 不满足迭代条件，则采用新的等效剪切模量 G_{n+1} 和阻尼比 λ_{n+1} 重新计算，如此往复计算直到满足迭代条件，该时段动力计算结束。迭代条件一般要同时满足两个条件：①G_{n+1} 和 G_n 的相对误差小于 10%；②λ_{n+1} 和 λ_n 的相对误差小于 10%。

（5）将上一时段末的 G 和 λ 作为下一个时段初始迭代的等效剪切模量和阻尼比，对下一个时段进行步骤（3）和（4），直到地震结束。

2. 非线性动力分析

弹塑性模型能够较好地反映土体的实际状态，并能够计算动力反应全过程及直接计算坝体的永久变形，在理论上相对更为合理。3.1.3 节中所述改进的堆石料的广义弹塑性 P-Z 模型优点突出，而且 P-Z 模型框架清晰，便于在有限元程序中实现。通过采用一套参数，P-Z 模型可以合理地模拟大坝施工填筑过程和进行地震动力响应分析并获取永久变形（邹德高等，2011b；Zou et al.，2013）。

采用基于弹塑性模型的非线性动力分析时，通常采用增量迭代法求解非线性方程组，每一增量下的计算步骤归纳如下。

（1）根据本增量步开始时的应力状态 $\{\sigma\}_0$ 确定各单元的切线模量，形成整体刚度矩阵。由本增量步的荷载增量 $\{\Delta R\}_1$ 根据非线性平衡方程计算位移增量 $\{\Delta u\}_1$。

（2）由位移增量计算各高斯点的应变增量 $\{\Delta\varepsilon\}_1$，根据弹性模量矩阵 $[D]_e$ 计算弹性应力增量 $\{\Delta\sigma\}_e$，将该弹性应力与初始应力叠加得到该增量步的试探应力 $\{\sigma^{tr}\}_1 = \{\sigma\}_0 + \{\Delta\sigma\}_e$。

（3）根据该增量步的屈服函数及试探应力计算屈服函数 $F_1 = F(\{\sigma^{tr}\}_1, \kappa_0)$。

（4）若 $F_1 < 0$，直接令 $\{\sigma\}_1 = \{\sigma^{tr}\}_1$ 并略去以下计算；若 $F_1 > 0$ 且 $F_0 < 0$，则通过近似算法确定参数 r 使 $F(\{\sigma\}_0 + r\{\Delta\sigma\}_e, \kappa_0) = 0$；若 $F_0 = 0$，则令 $r = 0$。

（5）确定弹性应力 $\{\sigma\}_i = \{\sigma\}_0 + r\{\Delta\sigma\}_e$，并将余下的应力与应变增量分成 m 步进行迭代计算，每一步的应变和应力增量表示为 $\{d\varepsilon\}_i = \dfrac{1-r}{m}\{\Delta\varepsilon\}_1$ 和 $\{d\sigma^e\}_i = \dfrac{1-r}{m}\{\Delta\sigma\}_e$。

（6）根据 $\{\sigma\}_i$ 和 $[D]_e$ 计算塑性乘子 λ 和塑性模量矩阵 $[D]_p$。

（7）对应力状态进行更新。计算 $\{d\sigma\}_i = \{d\sigma^e\}_i - [D]_p\{d\varepsilon\}_i$，应力更新为 $\{\sigma\}_{i+1} = \{\sigma\}_i + \{d\sigma\}_i$。

（8）计算塑性应变增量和屈服函数的内变量，并将应力拉回屈服面（由计算造成的误差）。

（9）重复第（6）～（8）步 m 次，最终得到增量步末尾的应力 $\{\sigma\}_1$。

（10）计算本步末的失衡力 $\{\psi\}_1$，并合并到下一步的荷载增量中。

3.1.5　永久变形分析方法

地震时土石坝会产生变形，由于土体的弹塑性特征，产生的弹性变形在地震结束后可以恢复，但塑性变形地震后不能恢复，这种不能恢复的变形即为土石坝的永久变形。从以往的震害资料分析得出，土石坝的震陷、滑坡、周边缝的张开及防渗体如面板的破损等均与地震永久变形有关。目前，土石坝地震永久变形分析主要包括以下三种方法：一是局部滑块位移分析法；二是整体变形分析方法；三是采用弹塑性本构模型直接计算出塑性变形。

1. 局部滑块位移分析法

1）Newmark 分析法

Newmark(1965)基于刚体滑动及屈服加速度的概念，首先提出了考虑地震地面运动特性和坝体动力性质的地震永久变形计算方法。其基本方法是将超过可能滑动体屈服加速度的加速度反应进行两次积分，即可估算坝坡的有限滑动位移，如图 3.9 所示。Newmark 分析法是一种近似的方法，由于其计算简便，对地震变形量的估计比较有效，所以在国内外工程上获得了比较广泛的应用。

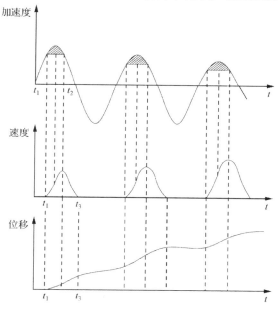

图 3.9　Newmark 分析法计算坝坡滑动位移

Newmark 分析法的计算步骤可归纳如下。

(1) 确定屈服加速度。屈服加速度 a_y 的定义是使坝身沿着某一可能滑动面的滑动安全系数恰好等于 1 时的加速度,它与重力加速度的比值称为屈服地震系数 k_y。k_y 与坝身几何尺寸、土料不排水强度、可能滑动体的位置等因素有关。

(2) 确定平均地震加速度。平均地震系数 $k_{av}(t)$(也称等价地震系数)定义为作用于滑动面上剪切力的水平分量与可能滑动面上的重力 W 之比。即

$$k_{av}(t) = \frac{F(t)}{W} \tag{3.57}$$

(3) 确定有限滑动位移。Newmark 认为,当平均加速度在可能滑动体中产生惯性力的方向与滑动面上静剪切力的水平投影方向相同时,如果 $k_{av}(t) \leqslant k_y$,滑动体不产生滑动;如果 $k_{av}(t) > k_y$,滑动体产生滑动,滑动的方向与静剪切力方向相同。滑动加速度的水平分量 $a_x(t)$ 可表示为

$$a_x(t) = [k_{av}(t) - k_y]g \tag{3.58}$$

每次滑动的水平位移 δ_i 可表示为

$$\delta_i = \iint [k_{av}(t) - k_y]g \, d^2 t \tag{3.59}$$

在整个地震期间,总的滑动水平位移 δ 为每次滑动水平位移之和,即

$$\delta = \sum_{i=1}^{n} \delta_i \tag{3.60}$$

2) Makdisi-Seed 分析法

Makdisi 和 Seed(1978)在上述 Newmark 分析法的基础上对确定屈服加速度和平均地震加速度的方法进行了改进。首先采用等价线性法对坝体进行动力反应分析,确定潜在滑动体的动力反应,然后采用极限平衡法确定潜在滑动体的屈服加速度,最后将潜在滑动体地震加速度响应时程与屈服加速度时程相比较,利用滑块模型估算潜在滑动体的滑移量。该方法将土体加速度反应分析与塑性滑移量作为两个独立的步骤分别进行,考虑了土体的非线性特性,相对而言更为合理。

3) 块体旋滑分析法

块体旋滑法(眭峰,1999)根据有限元动力分析得到预期滑动面(静力抗滑安全系数最小值对应的滑弧)上的静动叠加的应力时程曲线确定滑块的滑动加速度。当滑动力超过抗滑力时,滑动体开始向下滑动,而当滑动力小于抗滑力时,滑动体开始减速至停止滑动。

4) 考虑堆石料软化特性的坝坡滑移变形分析法

目前采用滑块位移法计算土石坝坝坡滑移量时,当安全系数小于 1.0 时没有考虑滑动面处堆石体抗剪强度的下降,且不考虑堆石的抗剪强度与剪应变的相关性,而实际上伴随着滑动变形和滑动带的发展,堆石峰值强度逐渐下降,向残余强

度方向转化,如图 3.10 所示。土石坝的坝坡失稳一般表现为坝体顶部浅层滑动,滑裂面上堆石体的围压相对较低,而低围压下堆石体应变软化更为明显。若不考虑堆石体的应变软化特性,可能坝坡稳定计算结果偏于不安全。

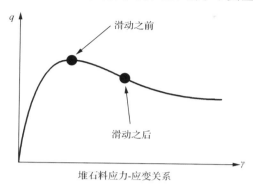

图 3.10　软化示意图

大连理工大学提出了考虑软化的大坝动力稳定时程和滑移变形分析方法(孔宪京等,2014),计算步骤如下。

(1) 进行坝体单元震前静力分析和地震响应分析,根据单元的静、动应力叠加结果对大坝进行任意滑弧搜索的有限元动力稳定计算,得到坝坡的安全系数。

(2) 判断最小安全系数是否小于 1.0,当最小安全系数小于 1.0 时,采用滑块位移法计算滑裂面的累积滑移量,得到的累积滑移量可确定滑移剪应变,通过堆石体的应力-应变关系曲线可确定滑移剪应变与峰后强度的关系,则下一步的有限元动力稳定计算采用峰后强度。

(3) 判断地震是否结束,若地震未结束,则继续进行有限元动力稳定计算;若地震结束,则输出坝坡最小稳定安全系数时程和最大累积滑移量。

2. 整体变形分析法

整体分析方法主要有初步近似估算法、软化模量法和等效结点力法。初步近似估算法主要采用坝体典型断面的轴线中各单元应变势的平均值,乘以坝高,来近似估算坝顶的地震永久位移。其中,应变势是通过相应的静力和地震动力反应有限元法分析确定的。软化模量法认为土单元永久偏应变是在往返应力作用下土的静剪切模量降低引起的,按地震前后两个不同的模量分别计算坝体的变形,所得到的变形量之差即为地震引起的永久变形。

Serff 等(1976)提出的等价结点力法是目前普遍使用的计算面板堆石坝永久变形的方法。该法认为,地震引起的坝体各个单元的附加应变势是由等效节点力引起的。通过地震动力反应分析、室内循环三轴试验及选择的残余变形模型确定坝体各个单元的应变势(可能应变)ε_p,由于相邻单元间的相互作用,这种应变势不能满足变形相容条件,并非是各个单元的实际应变。为此将按静力计算的方法将应变势转化为等效静节点力$\{F^*\}$,然后将此等效静节点力作为外荷载按静力方法计算坝体残余变形。

$$\{F^*\} = \iint [B]^{\mathrm{T}}[D]\{\varepsilon_p\}\mathrm{d}x\mathrm{d}y \tag{3.61}$$

式中,$[B]$为应变位移关系转换矩阵;$[D]$为弹性矩阵;$\{\varepsilon_p\}$为转换后的单元应变势。

另外,动三轴试验测出的单元应变势是轴向应变(或剪切应变)和体积应变,在实际土体单元中其相应的方向不清楚,目前一般假定残余应变的主轴方向与震前应力主轴方向一致。

3.2　面板堆石坝的地震响应特性分析

以分层填筑、薄层振动碾压技术为标志的现代混凝土面板堆石坝日渐成熟,在世界范围内相继建造了一批坝高大于150m的高面板坝,目前最大坝高已突破230m(水布垭,233m,中国)。并且随着大坝建设经验的积累和设计水平的提高,面板坝的高度还在不断增加,一批250～300m级高面板坝也在规划或可研中(杨泽艳等,2012)。同时,我国已建和拟建的高面板坝多座位于西部的地震烈度较高区域,强震下的高坝安全是水利枢纽的关键问题。

地震荷载作用下,堆石坝坡的稳定性及混凝土防渗面板的安全性,是面板堆石坝动力安全性研究的两个主要问题。坝体的加速度反应与坝体安全及坝顶区堆石体的稳定关系密切;混凝土面板的应力变形特性则决定面板坝防渗体系在地震荷载作用下的完整性和安全性。因此,准确把握坝体的加速度响应规律以及面板的应力分布特性,不仅是研究地震时面板坝震损机理的重要因素,更是评估面板坝抗震性能并提出相应抗震措施的理论基础。

因此,在缺乏地震记录和现场试验的背景下,采用成熟的数值模拟方法,通过大量的数值仿真计算得到面板坝地震响应(坝体加速度响应和面板动应力响应)的普遍规律,并且考虑坝体几何特征参数(坝高和岸坡坡度)、地震动输入(地震动峰值加速度和地震波频谱特性)等因素的影响,总结出可以广泛适用于各种面板坝工程的坝坡稳定加固范围及面板高应力区域分布规律,进而为设计有效的面板坝抗震措施提供理论基础,对保障地震区水利工程安全具有重要的应用价值。

3.2.1 模型及参数

1. 计算模型

计算采用典型的面板堆石坝模型,坝高为 200m,上游坝坡坡度为 1:1.4,下游坝坡坡度取为 1:1.65(综合坝坡)。河谷对称,岸坡坡度取为 1:1。大坝分 20 层填筑,面板分三期浇筑,蓄水至坝顶以下 10m,面板的厚度根据《混凝土面板堆石坝设计规范》(SL228-98)取为 $(0.30+0.0035H)$m,H 为坝高。面板下方设置垫层区和过渡区。200m 模型坝的三维有限元网络划分及面板分缝分期情况如图 3.11 及图 3.12 所示。

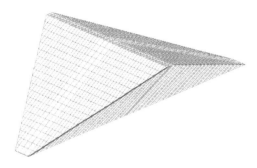

图 3.11 坝体三维网格

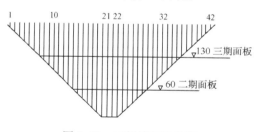

图 3.12 面板接缝及分期

2. 筑坝材料本构模型及参数选定

1)筑坝堆石料

堆石料静力计算采用 Duncan-Chang E-B 非线性弹性本构模型(Duncan et al. ,1980),所用参数取值如表 3.7 所示。堆石料动力计算采用基于等价线性分析方法的等效线性模型,计算中堆石料、过渡料与垫层料的最大等效动剪切模量的估算和归一化动剪切模量及阻尼比与动剪应变幅的关系均采用孔宪京等(2001)给出的建议值,具体参数取值及关系曲线如表 3.8 及图 3.13 和图 3.14 所示。大坝地震永久变形分析采用基于等效结点力的应变势法(Serff et al. ,1976),

表 3.7 堆石料静力模型参数

材料	$\rho/(kg/m^3)$	$\varphi_0/(°)$	$\Delta\varphi/(°)$	K	n	R_f	K_b	m
堆石料	2160	55	10.6	1089	0.33	0.79	965	−0.21
过渡料	2250	58	11.4	1085	0.38	0.75	1084	−0.09
垫层料	2300	58	10.7	1274	0.44	0.84	1276	−0.03

表 3.8 堆石料动力模型参数

材料	K	n
堆石料、过渡料、垫层料	2339	0.5

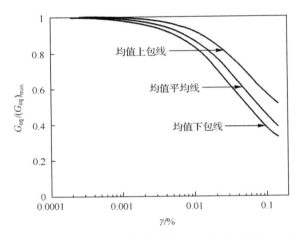

图 3.13 堆石料归一化等效动剪切模量与动剪应变幅关系

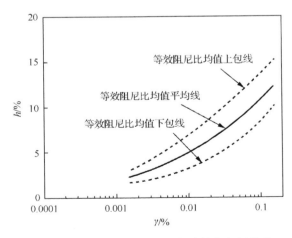

图 3.14 堆石料等效阻尼比与动剪应变幅关系

采用了改进的沈珠江残余变形模型(邹德高,2008),参数如表 3.9 所示。

表 3.9　堆石料永久变形参数

材料	c_1	c_2	c_3	c_4	c_5
堆石料、过渡料	0.0158	0.80	0	0.1100	0.77
垫层料	0.0070	0.69	0	0.0726	0.82

2)混凝土面板

作为面板堆石坝最主要的防渗结构,混凝土面板的结构和材料性质与筑坝堆石料有较大不同。考虑到本节主要研究地震荷载作用下堆石坝体的加速度响应及面板高应力区的出现位置和范围,因此面板利用线弹性模型进行模拟可以满足计算要求。根据《混凝土结构设计规范》(GB 50010—2002)的规定,当面板采用 C30混凝土时,静态抗压强度标准值取为 20MPa,静态抗拉强度标准值为 2.01MPa,混凝土弹性模量为 3×10^4MPa,泊松比取为 0.167,动力作用下阻尼比为 5%。Raphael 等利用五座混凝土坝钻孔取样获得的试件,通过振动频率 5Hz 左右的震动荷载作用总结出:"混凝土动弹性模量取为静弹性模量的 1.25 倍,混凝土阻尼比取为 5%,有裂缝后取为 7%。混凝土的动态抗压强度取为静态抗压强度的 1.3倍,动态抗拉强度取为静态抗拉强度的 1.5 倍,或取为 $0.50f_c^{2/3}$,其中 f_c 为混凝土的静态抗压强度"。综合考虑,地震作用下面板混凝土动态抗拉强度取为 3MPa,动弹性模量取为 3.75×10^4MPa。

3)接缝和接触面单元

在实际工程中,混凝土面板之间的竖缝,混凝土面板与趾板间的周边缝均设置止水片等连接材料。在三维有限元计算中,为模拟接缝止水连接材料的力学作用,在竖缝和周边缝部位设置了六面体连接单元,采用邹德高等(2009)建议的简化接缝模型进行模拟,模型参数如表 3.10 所示。

表 3.10　简化后接缝模型参数

受力情况	力与位移关系
压(考虑木板)	$F=k_1\delta, k_1=25$GPa/m
拉(考虑止水)	$F=k_2\delta, k_2=5$MPa/m
剪切(考虑止水)	$F=k_3\delta, k_3=1$MPa/m

注:δ 单位为 m;动力计算时阻尼比取为 0.02。

由于混凝土和垫层的材料力学属性相差悬殊,在面板与垫层接触面、趾板与垫层接触面均设置 Goodman 接触面单元。静力计算采用 Clough-Duncan 提出的双曲线模型(Clough and Duncan,1971),动力计算采用动力双曲线模型(吴军帅和姜朴,1992),具体参数如表 3.11 和表 3.12 所示。

表 3.11　接触面静力模型参数

材料	K	n	φ	R_f
接触面	4800.0	0.56	36.6	0.74

表 3.12　接触面动力模型参数

材料	C	M	δ	λ_{max}
接触面	22.0	2.0	34.0	0.2

3. 地震动输入

为研究不同地震动特性对面板坝加速度响应的影响,分别采用《水工建筑物抗震设计规范》(DL 5073—2000)中的规范谱生成的人工波、猴子岩面板坝和吉林台面板坝工程场地谱人工波作为地震动输入,进行面板坝地震反应分析。各地震波时程曲线如图 3.15～图 3.17 所示,地震动加速度放大倍数反应谱如图 3.18 所示。其中,顺河向地震动峰值加速度为 0.2g,竖向峰值加速度取为水平向的 2/3,即 0.13g。

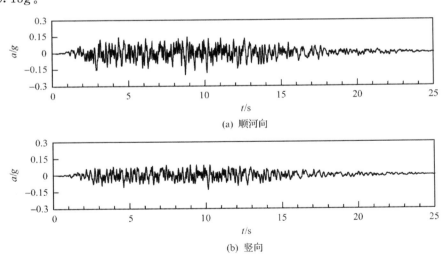

(a) 顺河向

(b) 竖向

图 3.15　规范谱人工波加速度时程

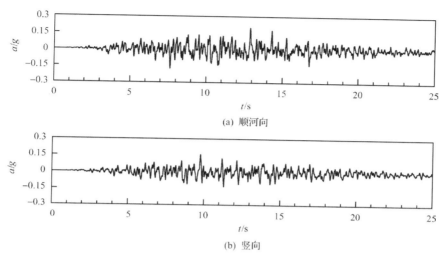

(a) 顺河向

(b) 竖向

图 3.16　猴子岩面板坝场地谱人工波加速度时程

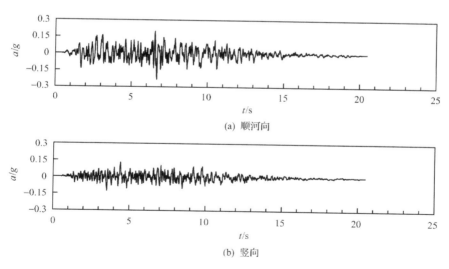

(a) 顺河向

(b) 竖向

图 3.17　吉林台面板坝场地谱人工波加速度时程

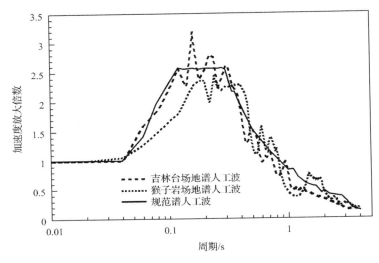

图 3.18　三种地震波的加速度反应谱

3.2.2　堆石体加速度分布规律及坝坡稳定加固范围划定

工程界广泛将坝体的加速度响应用于评估坝体所受的动力荷载,进而校核坝坡的抗震稳定性。研究地震荷载作用下坝体加速度响应的一般规律,指定面板坝坝坡稳定加固范围,对评价面板坝抗震性能及建议有效抗震加固措施有重要意义。

1. 计算方案

为了研究坝高、岸坡坡度、地震动特性(加速度峰值、频谱特性)等影响因素对面板坝加速度响应的影响,所有计算工况列于表 3.13。

表 3.13　计算工况

工况	堆石料动剪切模量系数	坝高/m	岸坡坡度(竖向:水平向)	地震频谱	地震动峰值加速度/g
1	2339	150	1:1	规范谱	0.2
2	2339	200	1:1	规范谱	0.2
3	2339	250	1:1	规范谱	0.2
4	2339	200	1:0.5	规范谱	0.2
5	2339	200	1:1.5	规范谱	0.2
6	2339	200	1:2	规范谱	0.2
7	2339	200	1:1	规范谱	0.3

续表

工况	堆石料动剪切模量系数	坝高/m	岸坡坡度（竖向：水平向）	地震频谱	地震动峰值加速度/g
8	2339	200	1：1	规范谱	0.4
9	2339	200	1：1	猴子岩场地谱	0.2
10	2339	200	1：1	吉林台场地谱	0.2
11	1839	200	1：1	规范谱	0.2
12	2839	200	1：1	规范谱	0.2

2. 高坝加速度响应分布

图 3.19 和图 3.20 给出规范谱人工波作用下坝体最大顺河向加速度的分布情况。由图可以看出，坝体加速度在坝顶区域呈椭圆状分布，沿坝轴向相对于河谷中心线对称分布，在河谷处坝顶位置放大情况比较明显。

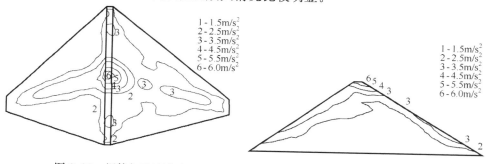

1 - 1.5m/s²
2 - 2.5m/s²
3 - 3.5m/s²
4 - 4.5m/s²
5 - 5.5m/s²
6 - 6.0m/s²

1 - 1.5m/s²
2 - 2.5m/s²
3 - 3.5m/s²
4 - 4.5m/s²
5 - 5.5m/s²
6 - 6.0m/s²

图 3.19　坝体加速度分布　　　　　　　图 3.20　最大断面加速度分布

为了进一步研究坝体加速度响应的分布规律与影响因素，将河谷中央断面加速度沿高度的分布以及坝顶加速度沿纵轴线的分布作为研究对象，如图 3.21 所示，针对坝体几何特征参数及地震动输入特性等影响因素进行综合分析。

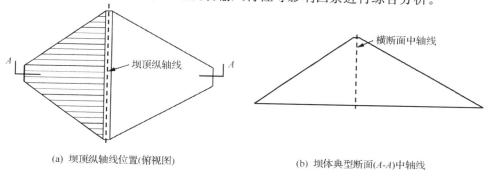

(a) 坝顶纵轴线位置(俯视图)　　　　　　(b) 坝体典型断面(A-A)中轴线

图 3.21　加速度输出位置

3. 坝体几何特征参数的影响

高面板坝大多修建在高山峡谷之间,三维河谷效应显著,因此研究不同坝体几何特征参数(坝高、岸坡坡度)对面板堆石坝动力响应的影响,对明确面板坝加速度响应的普遍规律具有积极意义。

1) 坝高的影响

图 3.22 分别列出 150m、200m、250m 高的面板堆石坝加速度放大倍数 β(相应工况 1、2、3)的分布规律。图 3.22(a)的横坐标为坝体中轴线的加速度放大倍数,纵坐标为归一化的坝高;图 3.22(b)的横坐标为归一化的坝顶轴线,纵坐标为加速度放大倍数。

从加速度放大倍数沿竖向分布规律可以看出,不同于低坝的动力剪切变形,高面板堆石坝坝体的加速度分布规律不再符合规范建议的图形,而是在 4/5 坝高以下,加速度放大倍数沿坝高的增加变化不大,但在 4/5 坝高处加速度放大倍数突然增大,表现出明显的“鞭鞘效应”,这是地震反应中高频振型参与量增大的缘故。从坝顶加速度沿坝轴向的分布规律可以看出,在靠近两岸,加速度放大倍数不大,但在靠近河谷中部范围内,加速度放大倍数突然放大,表现出明显的三维效应。坝高从 150m 到 250m,加速度放大倍数的规律是相似的。

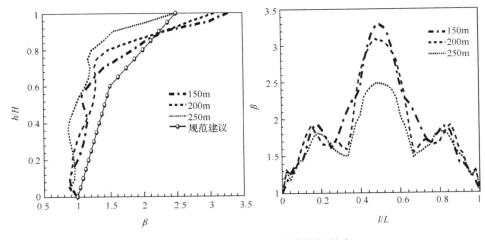

图 3.22　坝高对加速度放大倍数的影响

2) 河谷岸坡坡度影响

河谷是土石坝坝址的自然形态特征,是影响坝体动力响应的重要因素。河谷的宽窄、岸坡的陡缓及两岸坡的对称性等均可影响坝体的动力反应。假定河谷的两岸岸坡是对称的,图 3.23 给出不同河谷岸坡坡度时坝体加速度放大倍数的分布规律。

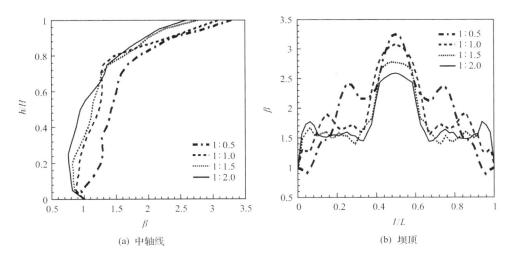

(a) 中轴线　　　　　　　　　　　　　(b) 坝顶

图 3.23　河谷岸坡坡度对加速度放大倍数的影响

可以看出,岸坡坡度对加速度放大倍数影响较大。随着岸坡坡度的变缓,加速度放大倍数减小。这主要是因为随着岸坡坡度的变缓,即河谷宽高比增加,坝体自振周期逐渐增大,加速度放大倍数逐渐减小。

4. 地震动特性的影响

峰值加速度、频率范围和持续时间是描述地震动的三个主要特征值,也是工程抗震设计的依据(Clough and Penzien,1975)。由于地震的随机性,不同的地震波有其自身的频谱特性,而不同的坝体也有其特有的自振频率,因此大坝在不同地震波作用下的动力反应特性是不同的。本节主要研究地震动特性对坝体加速度响应的影响。

1）地震动峰值加速度影响

根据图 3.24 可以看出,加速度放大倍数沿着坝高逐渐增大,在坝高 4/5 附近出现"鞭鞘效应";沿纵轴线方向,坝顶加速度放大倍数在河谷处 0.3L 范围内出现明显放大。随着地震动输入的增大,坝体加速度放大倍数呈减小趋势,这种规律与实测及振动台模型试验结果是一致的。

2）地震波频谱特性影响

为了研究地震波频谱特性对堆石体加速度响应的影响,分别采用规范谱人工波、吉林台面板坝场地谱人工波及猴子岩面板坝场地谱人工波(相应的工况为 2、10 和 9）作为地震动输入,研究坝体加速度放大倍数的分布规律。

由图 3.25 可以看出,在不同频谱特性的地震波作用下,坝体加速度响应仍然

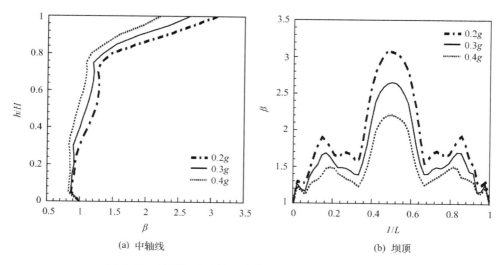

(a) 中轴线　　　　　　　　　　　　　　(b) 坝顶

图 3.24　地震加速度输入峰值对加速度放大倍数的影响

呈现坝体中下部放大倍数较小,坝顶局部放大效应明显的"鞭鞘效应"。由于地震反应谱的不同,坝体的最大加速度响应是不同的,但其分布规律是相似的,即放大倍数较大的区域均位于河谷中部坝顶的局部范围。

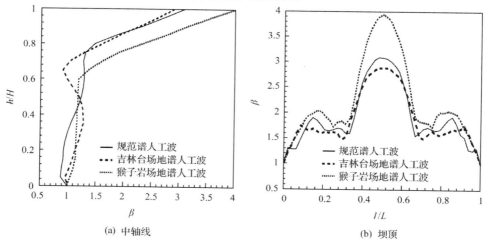

(a) 中轴线　　　　　　　　　　　　　　(b) 坝顶

图 3.25　地震波频谱特性对加速度放大倍数的影响

5. 堆石料动剪切模量的影响

动剪切模量是等效线性模型进行有限元计算的重要参数,也是材料的基本属性之一。为了考虑材料不同动剪切模量系数的影响,其值分别取 1839、2339 和 2839(相应工况 11、2、12),计算结果如图 3.26 所示。研究结果表明,随着动剪切模量系数的增加,坝体加速度放大倍数增大,但其分布规律是相似的。

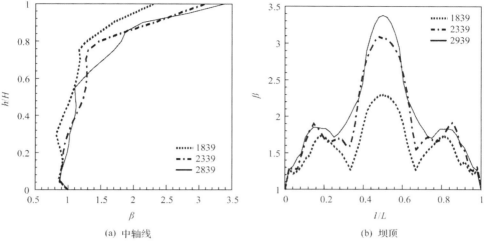

(a) 中轴线　　　　　　(b) 坝顶

图 3.26　动剪切模量系数对加速度放大倍数的影响

6. 面板坝抗震加固范围

综合上述三维有限元数值分析结果,可以看出:地震时,高面板坝加速度反应受大坝高度、河谷宽高比、筑坝材料动剪切模量、地震峰值加速度以及地震反应谱的影响,但均表现为大坝顶部的河谷中部局部区域反应强烈,坝体加速度放大倍数在坝体沿坝高 4/5 以上、沿坝轴线方向以坝顶中心点为中心 3/10 坝轴长以内放大效应较为明显,坝顶区的"鞭鞘效应"将使堆石可能处于不稳定状态,会导致坝顶区堆石体松动,堆石颗粒间咬合力丧失,下游堆石体出现浅层滑动。因此,建议在 4/5 坝高以上,河谷中央 3/10 坝纵轴线长度范围(图 3.27 中 L 为坝轴长,H 为坝高)以内采取适当的加固措施,如钉结护面板或框格梁、加筋等。

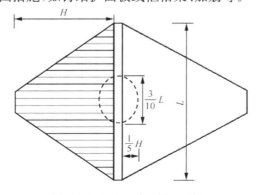

图 3.27　面板坝抗震加固范围

3.2.3 防渗面板应力分布特性及高应力区划定

通过 3.2.2 节分析可知,地震时在坝体上部出现明显的"鞭梢效应"是高面板坝动力响应的重要特征,其不仅会影响堆石体坝坡稳定,坝顶的甩动还可能使面板上部出现过高应力而导致面板局部失效,进而威胁整个水利工程的安全。因此,研究地震荷载作用下面板应力分布特性及高应力区分布,对进行有效抗震措施的设计具有重要意义。

1. 典型工况选取

面板在地震荷载作用下真实的受力情况由地震前面板的应力状态和地震荷载作用下面板的动应力状态共同决定。本节以坝高为 200m 的工况为例,研究面板在震前满蓄期、地震过程中及地震结束后沿顺坡向和沿坝轴向的应力分布,据此确定面板应力分布规律的典型研究工况。

由图 3.28 可以看出,在震前满蓄期,面板沿顺坡向的应力以压应力为主,仅在面板底部河谷岸坡附近产生小范围拉应力。地震过程中,面板动应力分布形式相对震前发生了较大变化,在河谷中央(中部坝段)面板中上部出现较大范围瞬时动拉应力。河谷中央坝顶部甩动较大,导致在此部位附近产生较大瞬时动拉应力,应予以重点关注。计算结果同时表明,沿顺坡向瞬时动压应力相对于混凝土面板的抗压强度较小,可以不予考虑。另外,地震结束后的面板顺坡向应力分布与震前满蓄期基本一致,且出现拉应力区域的范围和应力值均有所减小,不作为研究重点。

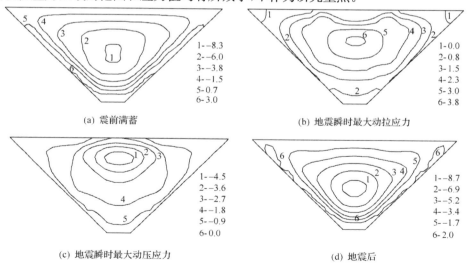

(a) 震前满蓄

1--8.3
2--6.0
3--3.8
4--1.5
5-0.7
6-3.0

(b) 地震瞬时最大动拉应力

1-0.0
2-0.8
3-1.5
4-2.3
5-3.0
6-3.8

(c) 地震瞬时最大动压应力

1--4.5
2--3.6
3--2.7
4--1.8
5--0.9
6-0.0

(d) 地震后

1--8.7
2--6.9
3--5.2
4--3.4
5--1.7
6-2.0

图 3.28 面板沿顺坡向应力

压为负,单位:MPa

　　由图 3.29 可以看出,在震前满蓄期,面板沿坝轴向的应力以压应力为主,压应力值呈现从河谷中央向两岸逐渐减小的趋势。压应力最大值出现在河谷中部面板下部区域,在两岸坝肩局部存在较小的拉应力。这是因为满蓄状态下,堆石体在自重和水压力作用下的变形会对面板施加指向河谷斜下方的摩擦力,使面板在坝轴向沿河床方向挤压。地震时,坝轴向动应力较小,不足以对面板安全产生重大威胁,因此也不作为研究的重点。地震结束后,在中部坝段面板上部(靠坝顶)区域出现较大范围的挤压应力,有可能发生面板的挤压破坏。

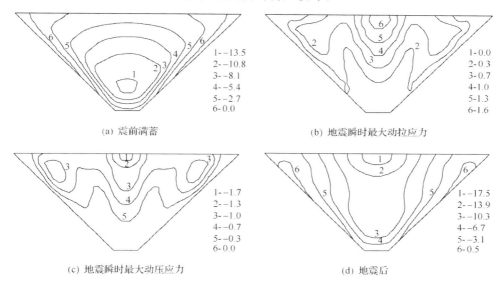

图 3.29　面板沿坝轴向应力

压为负,单位:MPa

2. 震前满蓄期面板高应力范围

1) 岸坡坡度对面板应力的影响

图 3.30 为坝高 200m 的工况岸坡坡度分别为 1∶0.5、1∶1 和 1∶1.5 三种情况下满蓄期 21# 与 22# 竖缝(图 3.12)中间面板应力沿坝高的分布。由图 3.30(a)可知,随着岸坡坡度变缓,即河谷宽高比增加,面板顺坡向压应力逐渐减小,拉应力逐渐增大,且拉应力范围逐渐增大。这主要是因为随着河谷宽高比的增加,两侧岸坡岩体对坝体变形约束减弱,坝体变形增大,面板顺坡向拉应力随之增大。由图 3.30(b)可知,随着岸坡坡度变缓,面板坝轴向挤压应力逐渐减小,且压应力最大值向面板下部(靠河谷底部)移动。这是由于随着河谷宽高比增加,对面板的轴向挤压作用减弱。

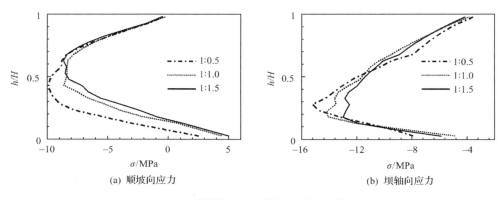

(a) 顺坡向应力　　　　　　　　　　　(b) 坝轴向应力

图 3.30　不同岸坡坡度条件下面板震前应力

压为负

2）坝高对面板应力的影响

图 3.31 给出了岸坡坡度为 1∶1 时，不同坝高条件下 21# 与 22# 竖缝中间的面板顺坡向应力和坝轴向应力沿高程的分布情况。从图 3.31(a)可以看出，不仅面板顺坡向压应力随坝高的增加而逐渐增大，面板拉应力也在增大，出现高拉应力的范围基本一致。从图 3.31(b)可以看出，沿坝轴向压应力也随坝高的增加而逐渐增大。

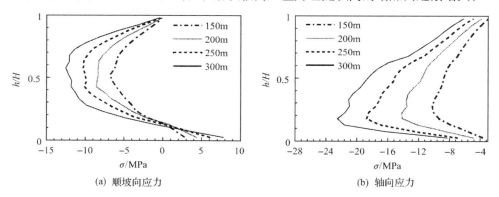

(a) 顺坡向应力　　　　　　　　　　　(b) 轴向应力

图 3.31　不同坝高条件下面板震前应力

压为负

3）震前满蓄期面板高应力区划定

综合图 3.28(a)、图 3.30(a)及图 3.31(a)静力条件下面板顺坡向拉应力分布，将面板尺寸归一化处理后，可最终得到如图 3.32(a)所示的震前面板顺坡向拉应力范围为河谷附近 $0.1H$ 内，并以 $0.05H$ 的宽度沿两侧岸坡向面板上部延伸至 $0.5H$ 左右。

同样，可得到震前面板轴向挤压应力如图 3.32(b)所示，主要集中于河谷中部坝段面板的中下部。

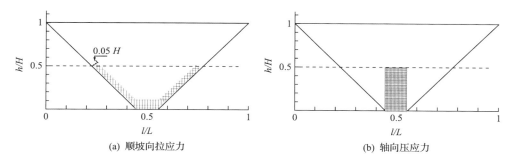

(a) 顺坡向拉应力　　　　　　　　　　　　　(b) 轴向压应力

图 3.32　地震前面板高应力区划分

3. 地震过程中面板高应力区范围

1）岸坡坡度对面板动拉应力的影响

以 200m 面板坝为例,对岸坡坡度分别为 1∶0.5、1∶1 和 1∶1.5 三种工况地震时面板最大顺坡向动拉应力进行整理,其分布规律绘制于图 3.33 中。从图中可以看出,高拉应力区的下缘基本位于 0.6 倍坝高处,个别工况略向下部延伸,而上缘大致位于 $0.8H\sim0.9H$。沿坝轴线方向,高拉应力区位于河谷,基本对称分布,范围约为 $0.2L$。

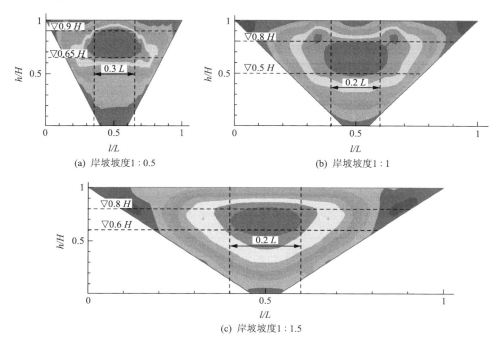

(a) 岸坡坡度1∶0.5　　　　　　　　　　　　(b) 岸坡坡度1∶1

(c) 岸坡坡度1∶1.5

图 3.33　不同岸坡坡度条件下面板最大顺坡向动拉应力分布规律

红色区域为应力大于 3MPa

2）坝高对面板动拉应力的影响

以岸坡坡度为1:1的工况为例,分析不同坝高条件下地震时面板最大顺坡向动拉应力的分布规律,如图3.34所示。由图可见,随着坝高的增加,面板顺坡向最大动拉应力随之增大,但分布范围基本一致。沿坝高方向,各工况均在0.6H～0.8H出现了高动拉应力,具体工况的高应力区边缘位置略有差别;沿坝轴线方向,高动拉应力区从面板中部对称向两岸延伸,其宽度大约也为0.2L。

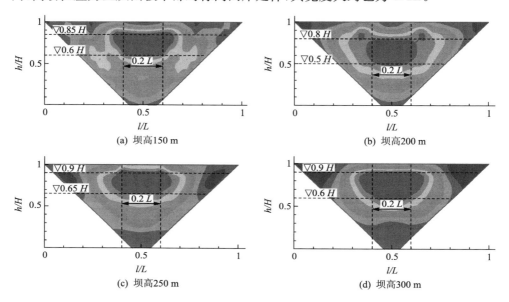

图3.34　不同坝高条件下面板最大顺坡向动拉压力分布规律

红色区域应力大于3MPa

3）地震过程中顺坡向面板高拉应力区划定

根据上述分析可知,地震过程中顺坡向面板高动拉应力区域如图3.35所示。沿

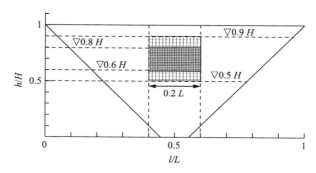

图3.35　地震作用下顺坡向面板高拉应力区

坝高方向,高动拉应力区的外包线沿坝坡方向位于 $0.5H\sim0.9H$,内包线为 $0.6H\sim$ $0.8H$;沿坝轴方向,顺坡向高动拉应力区基本对称分布于河谷中轴线处,宽为 $0.2L$。

4. 地震后面板高应力区范围

地震后由于堆石体产生永久变形,将导致面板应力重新分布。图 3.36 为不同岸坡坡度、不同坝高条件下 $21^{\#}$ 与 $22^{\#}$(河谷中部)竖缝中间的面板坝轴向应力沿坝高的分布情况。

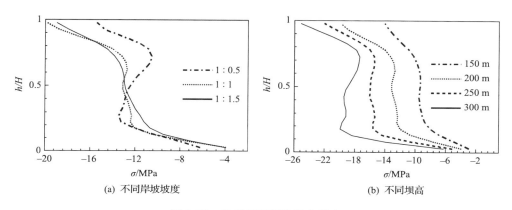

(a) 不同岸坡坡度　　　　　　　　　　(b) 不同坝高

图 3.36　地震后面板沿轴向应力

压为负

可以看出,由于地震后大坝发生整体沉陷,在河谷中部坝段,面板上部坝顶区域出现了较大的压应力。综合考虑震前满蓄期面板坝轴向高压应力区(图 3.32 (b)),确定面板坝轴向高压应力区如图 3.37 所示。

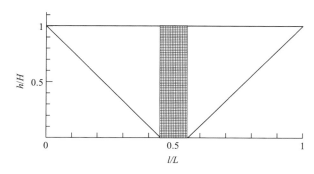

图 3.37　地震后面板坝轴向高压应力区

5. 防渗面板抗震加固范围

对面板坝来说,面板的工作性能直接关系到大坝的安全。因此,了解面板的应力分布规律对深入认识面板坝的地震响应特性和提供行之有效的抗震措施至关重要。

沿坝轴向方向,在震前满蓄期和地震过程中,河谷中部处面板均有可能承受较大的挤压应力。沿顺坡向,震前满蓄期和震后在面板底部岸坡附近均出现小范围的拉应力区。地震时面板在河谷中部坝段坝高 2/3～4/5 的范围内将产生较大的顺坡向动拉应力,可能导致面板的开裂,因此在这些位置需要采取合适的工程措施降低面板过大的动拉应力。

3.2.4　面板动力损伤分析

面板混凝土作为一种准脆性材料,在较小荷载作用下,表现为线弹性行为。随着拉应力的增加,混凝土将发生损伤开裂,并表现出刚度退化和应变软化的特性。汶川地震中,紫坪铺面板堆石坝主要的震害现象(陈生水等,2008)除了坝体震陷、坝顶结构与下游坝坡等局部破坏,以面板挤压破坏、错台和脱空等防渗体震损最为严重,对大坝的安全构成严重威胁。紫坪铺大坝面板地震破坏现象超出了以往的设计经验,在以往设计和抗震复核时均没有充分考虑。

目前,我国混凝土面板堆石坝的发展正面临着从 200m 级向 300m 级坝高跨越的技术挑战,工程上迫切需要对强震时超高面板坝防渗面板的工作特性,尤其是面板破损机理进行系统研究。此外,汶川地震后,高土石坝的极限抗震能力评估引起了广泛关注,在进行面板坝极限抗震能力分析时,可以允许面板发生一定程度的破损,但不考虑在超强地震荷载下混凝土材料的刚度退化、应变软化和损伤特性,很难得到客观的结果。因此,采用塑性损伤模型来描述混凝土面板的非线性行为,开展面板堆石坝弹塑性分析方法研究对于高面板堆石坝的抗震设计显得尤为迫切。

国内外一些学者先后建立了基于宏观损伤力学的混凝土损伤模型(Hillerborg et al.,1976;Bazant and Oh,1983;Lubliner et al.,1989),并将模型应用于研究混凝土重力坝的地震破坏过程和机理。其中,Lee 和 Fenves(1998a)在Lubliner 等(1989)研究基础上提出的塑性损伤模型进一步揭示了混凝土相互独立的拉、压损伤模式及反向加载时的刚度恢复现象,并成功模拟了 Koyna 大坝震害(Lee and Fenves,1998b)。

大连理工大学在筑坝堆石料广义塑性本构模型(Xu et al.,2012;孔宪京等,2013;Zou et al.,2013)的工作基础上,根据 Lee 和 Fenves(1998a)所提出的混凝土塑性-损伤本构关系及其应力更新算法和算法模量,成功实现了本构模型的数值方法(胡志强,2009),并进一步通过 C++语言和面向对象的程序设计方法集成到GEODYNA 软件平台。通过对 200m 级面板坝有限元动力反应分析,研究混凝土面板在地震荷载作用下损伤的发生和发展过程。

1. 混凝土塑性损伤模型(Lee and Fenves,1998a)

1) 本构关系

损伤力学一般定义损伤因子 $d(0 \leqslant d \leqslant 1)$,$d=0$ 表示材料为完好状态,$d=1$ 表示材料完全损伤,对于混凝土材料,意味着出现宏观裂缝。混凝土材料的总应力为

$$\sigma = (1-d)\bar{\sigma} = (1-d)E_0(\varepsilon - \varepsilon^p) \tag{3.62}$$

式中,$\bar{\sigma}$ 为有效应力;E_0 为初始弹性模量;ε 和 ε^p 分别为总应变和塑性应变。

由流动法则控制的塑性应变率通过标量塑性势函数 ϕ 假定,对于有效应力空间上的塑性势函数,塑性应变率为

$$\dot{\varepsilon}^p = \dot{\lambda} \frac{\partial \phi(\bar{\sigma})}{\partial \bar{\sigma}} \tag{3.63}$$

式中,λ 为塑性不变量

$$\phi = \sqrt{2J_2} + \alpha_p I_1 \tag{3.64}$$

其中,I_1 和 J_2 分别为主应力第一不变量和偏应力第二不变量;α_p 为与混凝土剪胀性相关的参数。

2) 屈服条件

该屈服条件由 Lubliner 提出,经 Lee 和 Fenves 修改后,屈服面在有效应力空间定义,屈服函数由有效应力和损伤状态变量 κ 定义:

$$\bar{F}(\bar{\sigma},\kappa) = \frac{1}{1-\alpha}(\alpha I_1 + \sqrt{3J_2} + \beta(\kappa)\langle \bar{\sigma}_{\max} \rangle) - c(\kappa) \tag{3.65}$$

式中,α 和 β 为无量纲参数;$\hat{\sigma}_{\max}$ 是最大主应力的代数值;c 为内聚力参数。α 和 β 分别定义为

$$\alpha = \frac{f_{b0} - f_{c0}}{2f_{b0} - f_{c0}} \tag{3.66}$$

$$\beta = \frac{f_{c0}}{f_{t0}}(\alpha-1) - (1+\alpha) \tag{3.67}$$

式中,f_{c0} 和 f_{b0} 分别为单轴和双轴初始屈服压应力;f_{t0} 为单轴初始屈服拉应力。图 3.38 为平面应力空间的初始屈服面,该屈服面可退化为 Drucker-Prager 屈服面($\beta=0$)和 Mises 屈服面($\alpha=\beta=0$)。

3) 损伤演化

对于准脆性材料的损伤可通过断裂能的耗散来定义,同时拉、压受力状态会导致不同的损伤状态,因此,Lee 和 Fenves 在 Lubliner 提出了 Barcelona 模型基础上进行改进,引入两个独立的损伤状态变量 κ_t 和 κ_c 来分别描述拉、压情况下的损伤描述。

损伤状态变量可以通过下式给出

$$\kappa_k = \frac{1}{g_k}\int_0^{\varepsilon^p} \sigma_k \mathrm{d}\varepsilon^p, \quad g_k = \int_0^\infty \sigma_k \mathrm{d}\varepsilon^p \tag{3.68}$$

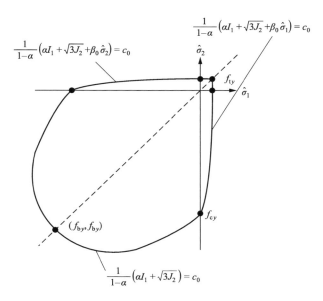

图 3.38　平面应力空间的初始屈服面

式中，$k=\mathrm{t}$ 表示受拉状态，$k=\mathrm{c}$ 表示受压状态；g_k 为材料断裂能密度，与表征断裂带宽的单元特征长度 l_k 和断裂能 G_k 有关（$g_k=G_k/l_k$）。

　　试验表明，对于混凝土材料，拉、压会产生微裂缝，导致刚度退化。在循环荷载作用下，微裂纹的张开与闭合使刚度退化变得更加复杂。例如，在从受拉转换为受压状态时，材料刚度会得到恢复。因此，模型中通过损伤状态变量 κ 来定义材料的拉压损伤因子：

$$d(\kappa,\bar{\sigma}) = 1 - \left[1 - s_{\mathrm{t}}d_{\mathrm{c}}(\kappa_{\mathrm{c}})\right]\left[1 - s_{\mathrm{c}}d_{\mathrm{t}}(\kappa_{\mathrm{t}})\right] \tag{3.69}$$

$$s_{\mathrm{t}} = 1 - w_{\mathrm{t}}r(\hat{\bar{\sigma}}), \qquad 0 \leqslant w_{\mathrm{t}} \leqslant 1 \tag{3.70}$$

$$s_{\mathrm{c}} = 1 - w_{\mathrm{c}}r(\hat{\bar{\sigma}}), \qquad 0 \leqslant w_{\mathrm{t}} \leqslant 1 \tag{3.71}$$

式中，d_{t} 和 d_{c} 分别为单轴状态下的拉、压损伤因子；w_{t} 和 w_{c} 分别为拉、压刚度恢复系数，0 表示刚度不恢复，1 表示刚度完全恢复；$r(\hat{\bar{\sigma}})$ 为权重因子，$0 \leqslant r(\hat{\bar{\sigma}}) \leqslant 1$。

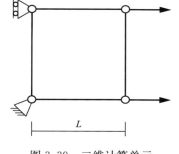

图 3.39　二维计算单元

　　4）模型和程序数值验证

　　采用塑性损伤分析方法对 Gopalaratnam 和 Shah(1985)、Karsan 和 Jirsa(1969)的单轴拉、压试验结果进行数值模拟。模拟时采用二维平面四边形等参单元(图 3.39)，加载方式为位移控制，计算参数见表 3.14。

表 3.14 单轴拉伸加载测试

$\rho/(g/cm^3)$	E/Pa	f_t/MPa	f_c/MPa
2.4	3.1×10^{10}	3.48	15.6
$G_t/(N/m)$	$G_c/(N/m)$	L/mm	μ
12.3	1750	25.4	0.18

图 3.40 为单轴拉压的模拟,图 3.41 所示为单轴拉压循环模拟,图 3.42 为全幅循环模拟。全幅循环加载解释了混凝土从拉伸状态变成压缩状态,再从压缩状态变成拉伸状态的刚度恢复能力。从图中可以看出,模拟的结果跟试验结果吻合较好,验证了计算程序的可靠性。

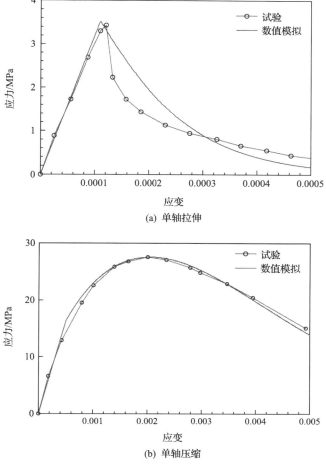

(a) 单轴拉伸

(b) 单轴压缩

图 3.40 单轴拉压模拟与试验结果对比

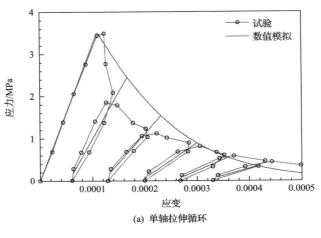

(a) 单轴拉伸循环

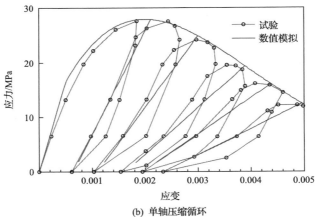

(b) 单轴压缩循环

图 3.41　单轴拉压循环模拟与试验结果对比

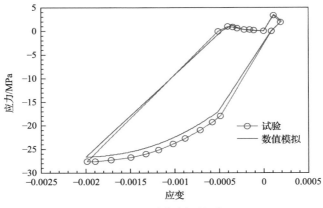

图 3.42　全幅循环加载

2. 混凝土面板堆石坝面板二维损伤分析

1）计算模型

采用二维混凝土面板堆石坝为计算模型。坝高 200 m，上游坝坡为 1 : 1.4，下游坝坡为 1 : 1.5，大坝分 30 层填筑，面板分三期浇筑（分期面板顶部高程分别为 60m、130m 和 200m），水位蓄至 190m。

混凝土面板堆石坝有限元网格如图 3.43 所示，对面板及以下的垫层料和过渡料的网格局部加密（图 3.44），面板网格尺寸小于 0.3 m，单元采用四边形 4 结点等参单元，趾板与垫层接触面、面板与垫层接触面以及面板周边缝均采用 4 结点 Goodman 界面单元模拟。面板网格在厚度方向上共分 10 层，以便于研究面板损伤的发展过程。

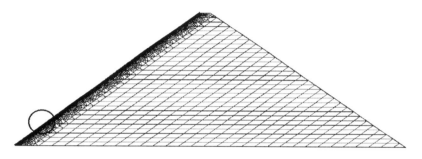

图 3.43　混凝土面板堆石坝有限元网格

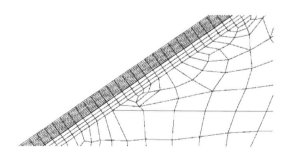

图 3.44　面板和垫层局部网格放大图

2）材料参数

堆石料广义塑性模型参数（Xu et al.，2012；孔宪京等，2013；Zou et al.，2013）如表 3.15 所示，其中过渡料与垫层料均取与主堆石料相同的参数。面板与垫层的接触面均采用理想弹塑性模型（Xu et al.，2012），参数如表 3.16 所示。面板混凝土标号为 C30，损伤模型参数如表 3.17 所示，弹性模量 E、抗拉强度 f_t 和抗压强度 f_c 取值见参考文献（Lee and Fenves，1998a）。混凝土断裂能 G 尚未有系统性研究成果,其取值目前有较大的不确定性(唐欣薇等,2013),计算时取325N/m,并进行参数敏感性分析。

表 3.15　堆石料广义塑性模型参数

G_0	K_0	M_g	M_f	α_f	α_g	H_0	H_{U0}	m_s
1000	1400	1.8	1.38	0.45	0.4	1800	3000	0.5

m_v	m_l	m_u	r_d	γ_{DM}	γ_u	β_0	β_1	
0.5	0.2	0.2	180	50	4	35	0.022	

注:表中各参数具体含义见文献(Zou et al.,2013)。

表 3.16　接触面理想弹塑性模型参数

k_1	k_2	n	$\varphi/(°)$	c/kPa
300	10^{10}	0.8	41.5	0

表 3.17　混凝土塑性损伤模型参数

$\rho/(g/cm^3)$	E/GPa	f_t/MPa	f_c/MPa	$G_t/(N/m)$
2.4	31	3.48	27.6	325

3) 地震动输入

地震动输入采用《水工建筑物抗震设计规范》(DL 5073—2000)规定的规范谱人工地震波(图3.45),顺河向地震波峰值加速度为0.3g,竖向地震峰值取顺河向的2/3。

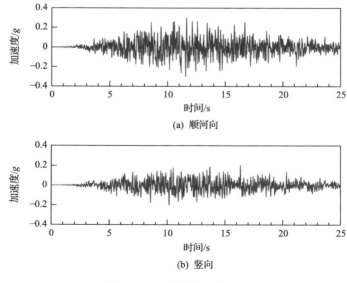

(a) 顺河向

(b) 竖向

图3.45　地震动加速度时程

4）计算结果分析

对混凝土面板,同时采用了线弹性和塑性损伤两种模型进行分析。图 3.46 和图 3.47 分别为坝断面中轴线加速度放大倍数沿坝高的分布及竖向永久变形等值线。由图可以看出,不同混凝土模型对大坝的加速度和地震沉降变形影响不大,这是因为大坝的加速度反应和整体变形主要依赖于堆石体材料特性。

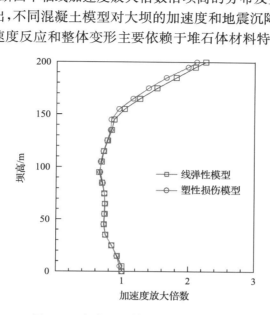

图 3.46　坝断面中轴线加速度放大倍数

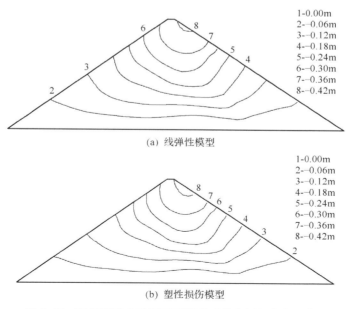

图 3.47　面板混凝土采用不同模型时的大坝竖向永久变形

　　图 3.48 为两种模型计算得到的地震时面板顺坡向最大拉应力包络线。由图可以看出，面板采用线弹性模型时，在 $0.4H \sim 0.9H$（H 为坝高）的顺坡向拉应力超过了混凝土的抗拉强度；塑性损伤模型则反映了混凝土超过抗拉强度后的应变软化和应力重分布特性，顺坡向拉应力包络线均小于混凝土抗拉强度，计算结果更为合理。

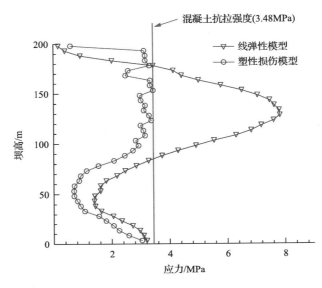

图 3.48　面板顺坡向最大拉应力包络线

　　图 3.49 为混凝土面板在地震后的受拉损伤分布（$d=0$ 表示未损伤，$d=1$ 表示完全损伤破坏，通常认为超过 0.8 为严重损伤（Lubliner et al.，1989））。图 3.49

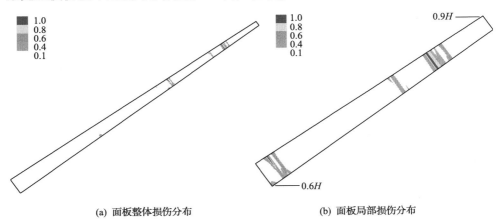

(a) 面板整体损伤分布　　　　　　(b) 面板局部损伤分布

图 3.49　地震结束时刻混凝土面板受拉损伤分布

(a)为面板整体的损伤分布,图 3.49(b)为 0.6H~0.9H 的局部损伤分布。$t=11s$ 时在面板 0.65H 的位置发生部分损伤,损伤因子 $0.6<d<0.8$,发生位置为面板与垫层料接触部位。$t=15s$ 时在面板 0.85H 的位置发生损伤,$t=16s$ 时在面板 0.85H 的位置损伤范围加大,但损伤因子未超出 0.8。

　　地震过程中,首先在 0.65H 处发生拉损伤,这与线弹性模型计算的该部位顺坡向拉应力最大结果一致。图 3.50 为 0.65H 处面板的拉损伤发生与发展过程,随着地震动过程的发展,损伤程度逐渐增大,局部超过 0.8。

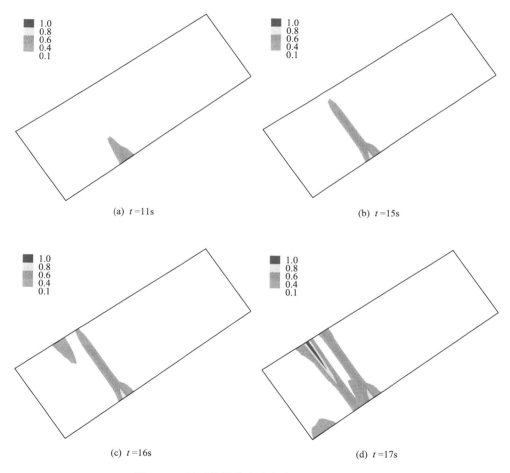

图 3.50　面板拉损伤发生和发展过程(0.65H)

　　图 3.51 为发生损伤和未发生损伤的典型单元顺坡向应力时程,对于没有发生损伤的单元,两种模型计算结果基本一致;对于发生损伤的单元,采用混凝土塑性损伤模型时单元应力未超过混凝土抗拉强度,结果更为合理。这是因为单元发生

损伤后,面板应力重新分布,而采用线弹性模型则无法反映这一现象。

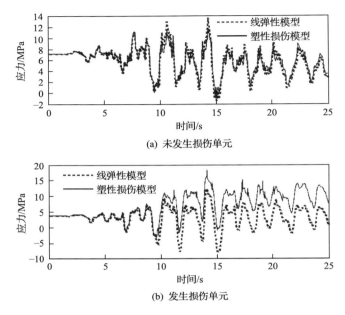

(a) 未发生损伤单元

(b) 发生损伤单元

图 3.51　典型单元顺坡向应力时程

混凝土断裂能指的是单位体积蕴含的耗散能,其取值有一个范围,与混凝土标号和性能有关。图 3.52 为不同断裂能情况下地震结束时面板拉损伤分布。由图可以看出,随着断裂能的增大,损伤因子大于 0.8 的部分有所减小,但损伤位置并没有明显变化。这说明通过采取措施(如加入纤维等材料),提高混凝土的断裂能可以有效减轻面板损伤。

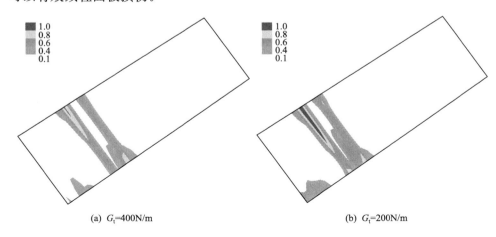

(a) $G_t=400\text{N/m}$ 　　　　　　　　　　(b) $G_t=200\text{N/m}$

图 3.52　不同断裂能对面板拉损伤的影响

3. 小结

联合采用堆石料广义塑性模型和混凝土塑性损伤模型,实现了面板弹塑性损伤的数值分析方法,开展了地震荷载作用下 200m 混凝土面板堆石坝面板动力损伤研究。

(1) 在地震作用下,$0.65H$ 附近面板顺坡向拉应力最大,该部位首先出现损伤,同时由于鞭鞘效应,面板在 $0.85H$ 处也出现损伤破坏。可以认为这一范围为面板抗震安全的关键部位,在抗震设计时,应采取必要的措施保证混凝土面板的安全。

(2) 采用塑性损伤模型可以很好地反映混凝土面板的损伤发展过程,通过损伤变量可以了解面板的损伤分布和薄弱环节,计算结果比通常采用的线弹性模型更为合理,可从防渗体损伤角度评价混凝土面板堆石坝极限抗震能力并为面板抗震设计提供指导。

参 考 文 献

陈生水,霍家平,章为民. 2008. 汶川"5·12"地震对紫坪铺混凝土面板堆石坝的影响及原因分析. 岩土工程学报,30(6):795-801

陈生水,彭成,傅中志. 2012. 基于广义塑性理论的堆石料动力本构模型研究. 岩土工程学报,34(11):1961-1968

高莲士,汪召华,宋文晶. 2001. 非线性解耦 K-G 模型在高面板堆石坝应力变形分析中的应用. 水利学报,10:1-7

顾淦臣. 1988. 土石坝地震工程. 南京:河海大学出版社

韩国城,孔宪京,李俊杰. 1990. 面板堆石坝动力破坏性态及抗震措施试验研究. 水利学报,(5):61-67

胡志强. 2009. 混凝土坝抗震分析的若干问题研究. 大连:大连理工大学博士后研究工作报告

孔宪京,韩国城. 1994. 粗粒土动应力-应变关系试验研究. "八五"国家科技攻关(85-208-22-04-1-08)项目报告. 大连:大连理工大学

孔宪京,娄树莲,邹德高,等. 2001. 筑坝堆石料的等效动剪切模量与等效阻尼比. 水利学报,(8):20-25

孔宪京,邹德高,徐斌,等. 2013. 紫坪埔面板堆石坝三维有限元弹塑性分析. 水力发电学报,32(2):213-222

孔宪京,邹德高,周扬,等. 2014. 300m 级高面板堆石坝抗震安全性及工程措施研究子题报告——高面板堆石坝动力反应特性及抗震安全研究. 大连:大连理工大学

李俊杰,韩国城,林皋. 1995. 混凝土面板堆石坝自振周期的简化公式. 振动工程学报,8(3):274-280

李万红,汪闻韶. 1993. 无粘性土动力剪应变模型. 水利学报,(9):11-17

梁力,李明. 2008. 土木工程数值计算方法与仿真技术. 长春:东北大学出版社

刘福海. 2012. 土石坝地震破坏机理振动台试验研究. 大连:大连理工大学博士学位论文

刘华北. 2006. 水平与竖向地震作用下土工格栅加筋土挡土墙动力分析. 岩土工程学报,28(5):594-599

刘华北,Ling H I. 2004. 土工格栅加筋土挡土墙设计参数的弹塑性有限元研究. 岩土工程学报,26(5):668-673

刘华北,宋二祥. 2005. 可液化土中地铁结构的地震响应. 岩土力学,26(3):381-386

刘小生,王钟宁,汪小刚,等. 2005. 面板坝大型振动台模型试验与动力分析. 北京:中国水利水电出版社

吕凯歌. 1999. 混凝土面板堆石坝三维有限地震反应分析. 大连:大连理工大学硕士学位论文

沈珠江. 1990. 土体应力-应变计算的一种新模型//第五届土力学及基础工程学术会议论文集. 北京:中国建筑出版社

沈珠江,徐刚. 1996. 堆石料的动力变形特性. 水利水运科学研究,2:143-150

眭峰. 1999. 心墙堆石坝的抗震性和抗震安全. 南京:河海大学博士学位论文

唐欣薇,周元德,张楚汉. 2013. 基于细观损伤力学模型的混凝土坝抗震分析. 水力发电学报,32(2):195-200

王勖成. 2003. 有限单元法. 北京:清华大学出版社

吴军帅,姜朴. 1992. 土与混凝土接触面的动力剪切特性. 岩土工程学报,14(2):61-66

徐艳杰. 1995. 堆石坝防渗面板计算模型及动力反应特性研究. 大连:大连理工大学硕士学位论文

杨青坡. 2014. 堆石料残余变形模型研究. 大连:大连理工大学硕士学位论文

杨泽艳,周建平,苏丽群,等. 2012. 300m级高面板堆石坝适应性及对策研究综述. 水力发电,(06):25-29

殷宗泽. 1988. 一个土体的双屈服面应力-应变模型. 岩土工程学报,10(4):64-71

殷宗泽,朱泓,许国华. 1994. 土与结构材料接触面的变形及数学模拟. 岩土工程学报,16(3):14-22

张嘎,张建民. 2005. 粗粒土与结构接触面统一本构模型及试验验证. 岩土工程学报,27(10):1175-1179

张嘎,张建民. 2007. 粗粒土与结构接触面三维本构关系及数值模型. 岩土力学,28(2):288-292

赵剑明,汪闻韶,常亚屏,等. 2003. 高面板坝三维真非线性地震反应分析方法及模型试验验证. 水利学报,9:12-18

赵剑明,常亚屏,陈宁. 2004. 龙首二级面板堆石坝三维真非线性地震反应分析和评价. 岩土力,z2:388-392

朱伯芳. 2009. 有限单元法原理与应用.3版. 北京:中国水利水电出版社

邹德高,孟凡伟,孔宪京,等. 2008. 堆石料残余变形特性研究. 岩土工程学报,6:807-812

邹德高,尤华芳,孔宪京,等. 2009. 接缝简化模型及参数对面板堆石坝面板应力及接缝位移的影响研究. 岩石力学与工程学报,28(增刊1):3257-3263

邹德高,徐斌,孔宪京. 2011a. 瑞利阻尼系数确定方法对高土石坝地震反应的影响研究. 岩土力学,32(03):797-803

邹德高,徐斌,孔宪京,等. 2011b. 基于广义塑性模型的高面板堆石坝静、动力分析. 水力发电学报,30(6):109-115

Alyami M,Rouainia M,Wilkinson A M. 2000. Numerical analysis of deformation behaviour of quay walls under earthquake loading. Soil Dynamic and Earthquake Engineering,29:525-536

Bazant Z P,Oh B H. 1983. Crack band theory for fracture of concrete. Materiaux Constructions,16(3):155-177

Clough G W,Duncan J M. 1971. Finite element analyses of retaining wall behavior. Journal of Soil Mechanics and Foundations Division (ASCE),97(SM12):1657-1673

Clough R W,Penzien J. 1975. Dynamics of Structures. New York:McGraw-Hill

Duncan J M,Chang C Y. 1970. Nonlinear analysis of stress and strain in soils. Journal of Soil Mechanics and Foundations Division,96(5):1629-1653

Duncan J M,Byrne P,Wong K,et al. 1980. Strength,stress-strain and bulk modulus parameters for finite element analyses of stresses and movements in soil masses,Report No. UCB/GT/80-01. Berkeley:University of California

Gopalaratnam V S,Shah S P. 1985. Softening response of plain concrete in direct tension. ACI Journal Proceedings,82(3):310-323

Hardin B O,Drnevich V P. 1972. Shear modulus and damping in soils:Design equations and curves. Journal of Soil Mechanics and Foundations Division,98(7):667-692

Hillerborg A, Modeer M, Petersson P E. 1976. Analysis of crack formation and crack routh in concrete by means of fracture mechanics and finite elements. Cement and Concrete Research, 6(6): 733-782

Idriss I M, Lysmer J, Hwang R, et al. 1973. Quad4 A computer program for evaluating the seismic response of soil structures by variable damping finite element procedures. Berkeley: University of California

Karsan I D, Jirsa J O. 1969. Behavior of concrete under compressive loading. Journal of the Structural Division, 95(12): 2535-2563

Lade P V, Duncan J M. 1975. Elastoplastic stress-strain theory for cohensionless soil. Journal of the Geotechnical Engineering Division, 101(10): 1037-1053

Lee J, Fenves L G. 1998a. Plastic-damage model for cyclic loading of concrete structures. Journal of Engineering Mechanics, 124(3): 892-900

Lee J, Fenves L G. 1998b. A plastic-damage concrete model for earthquake analysis of dams. Earthquake Engineering & Structural Dynamics, 27(9): 937-956

Li T C, Zhang H Y. 2010. Dynamic parameter verification of P-Z model and its application of dynamic analysis on rockfill dam. Earth and Space 2010: Engineering, Science, Construction, and Operations in Challenging Environments

Ling H I, Liu H B. 2003. Pressure-level dependency and densification behavior of sand through a generalized plasticity model. Journal of Engineering Mechanics, 129(8): 851-860

Ling H I, Yang S T. 2006. Unified sand based on the critical state and generalized plasticity. Journal of Engineering Mechanics, 132(12): 1380-1391

Liu H B, Ling H I. 2008. Constitutive description of interface behavior including cyclic loading and particle breakage within the framework of critical state soil mechanics. International Journal for Numerical and Analytical Methods in Geomechanics, 32: 1495-1514

Liu H B, Zou D G. 2013. An associated generalized plasticity framework for modeling gravelly soils considering particle breakage. Journal of Engineering Mechanics, 139(5): 606-615

Liu H B, Ling H I, Song E X. 2006. Constitutive modeling of soil-structure interface through the concept of critical state soil mechanics. Mechanics Research Communications, 33: 515-531

Liu H B, Zou D G, Liu J M. 2014. Constitutive modeling of dense gravelly soils subjected to cyclic loading. International Journal for Numerical and Analytical Methods in Geomechanics, 38(14): 1503-1518

Liu J M, Zou D G, Kong X J. 2014. A three-dimensional state-dependent model of soil-structure interface for monotonic and cyclic loadings. Computers and Geotechnics, 61: 166-177

Lubliner J, Olivee J, Oller S, et al. 1989. A plastic-damage model for concrete. International Journal of Solids and structures, 25(3): 299-326

Makdisi F I, Seed H B. 1978. Simplified procedure for estimating dam and embankment earthquake-induced deformation. ASCE, JGED, 104(7): 849-867

Manzanal D, Merodo J A F, Pastor M. 2011. Generalized plasticity state parameter-based model for saturated and unsaturated soils. Part1: Saturated state. International Journal for Numerical and Analytical Methods in Geomechanics, 35: 1347-1362

Naylor D J. 1978. Stress-strain laws for soils//Scott R F. Developments in Soil Mechanics. Essex: Applied Science Publishers, Ltd

Newmark N M. 1965. Effects of earthquakes on dams and embankments. Geotechnique, 15(2): 139-160

Pastor M. 1991. Modelling of ansotropic sand behavior. Computers and Geotechnics, 11(3): 173-208

Pastor M,Zienkiewicz O C,Chan A H C. 1990. Generalized plasticity and the modeling of soil behavior. International Journal for Numerical and Analytical Methods in Geomechanics,14(3):151-190

Sassa S,Sekiguchi, H. 2001. Analysis of waved-induced liquefaction of sand beds. Getechnique,51(2): 115-126

Serff N,Seed H B,Makdisi F I,et al. 1976. Earthquake induced deformations of earth dams. Report No. EE-RC 76-4. Berkeley:University of California,Earthquake Engineering Resarch Centre

Sun L X. 2001. Centrifugal Testing and Finite Element Analysis of Pipeline Buried in Liquefiable Soil[Ph. D. Thesis]. New York:Columbia University

Taniguchi E,Whitman R V,Marr A. 1983. Prediction of earthquake induced deformation of earth dams. Soils and Foundations,23(4):126-132

Xu B,Zou D,Liu H B. 2012. Three-dimensional simulation of the construction process of the Zipingpu concrete face rockfill dam based on a generalized plasticity model. Computers and Geotechnics,(43):143-154

Yoshida N,Kobayashi S,Suetomi I,et al. 2002. Equivalent linear method considering frequency dependent characteristics of stiffness and damping. Soil Dynamics and Earthquake Engineering,22(3):205-222

Zienkiewicz O C,Mroz Z. 1984. Generalized plasticity formulation and applications to geomechanics //Desai C S,Gallagher R H. Mechanics of Engineering Materials. New York: John Wiley & Sons

Zou D G,Xu B,Kong X J,et al. 2013. Numerical simulation of the seismic response of the Zipingpu concrete face rockfill dam during the Wenchuan earthquake based on a generalized plasticity model. Computers and Geotechnics,49:111-122

第4章 面板堆石坝的坝坡地震稳定

我国《水工建筑物抗震设计规范》(SDJ10—78)(以下简称《78 规范》)中规定,应采用拟静力法进行抗震稳定计算。对《78 规范》修编后,我国《水工建筑物抗震设计规范》(SL203—97)及《水工建筑物抗震设计规范》(DL5073—2000)(以下统称《97 规范》)规定,土石坝应采用拟静力法进行抗震稳定计算。同时规定,设计烈度为 8、9 度的 70m 以上土石坝,或地基中存在可液化土时,应同时采用有限元法对坝体和坝基进行动力分析,综合判断其抗震安全性。在《碾压式土石坝设计规范》(DL/T5395—2007)中,以传统的刚体极限平衡法为坝坡抗滑稳定计算的方法,在具体计算中对于均质坝、厚斜墙和厚心墙坝宜采用计及条块间作用力的简化毕肖普法;对于有软弱夹层、薄斜墙、薄心墙坝的坝坡稳定分析及任何坝型,可采用满足力和力矩平衡的摩根斯顿-普赖斯等方法。

自从提堂(Teton)垮坝及圣费尔南多(San Fernando)坝遭受震害以来,拟静力法的局限性得到了一些认识。此外,1971 年美国圣费尔南多地震中下圣费尔南多坝的液化,1976 年我国唐山地震中密云水库白河主坝因保护层液化而引起的滑坡均表明,当坝体和坝基中存在可液化土类时,采用拟静力法不能得出正确的安全评价。

近年来我国在高烈度区设计及建造的一些高土石坝,对工程设计提出了更多的要求,除了进行传统的稳定计算外,还需要坝体和坝基内的动应力分布、地震引起的孔隙水压力变化、地震引起的坝体变形,以及防渗体的可靠性、坝体与坝肩结合部位的应力分布、变形状况和裂缝等,这些工作都需要采用动力分析来完成。特别是汶川"5·12"大地震中紫坪铺大坝的震害与动力计算结果有较强的可比性,用震害实例证实了动力分析方法的可靠性与先进性(Zou et al.,2012)。

鉴于拟静力法在我国土石坝抗震设计中的实际作用,针对我国大量的中小型水库绝大多数为土石坝,无法广泛采用动力分析这一国情,根据国内外土石坝抗震设计的水平,并考虑到在动力分析中的计算参数选择及工程安全判据方面资料尚不够充分,我国目前仍以拟静力法作为土石坝抗震设计的主要方法,但对于高烈度区的大型土石坝,在进行拟静力法计算的同时,应进行动力计算,以便对工程抗震的安全性作出综合判断。

4.1 拟静力地震稳定分析方法

拟静力法是把坝体各质点的地震惯性力作为在该质点处的静力作用,用以计算坝坡的抗滑稳定安全系数。在拟静力法中,采用一般的坝坡稳定分析方法,即刚体极限平衡法进行计算,求出抗震稳定的结构系数 γ_d 或安全系数 F_s,使其不小于规范中规定的数值。根据土石坝的不同断面结构形式和不同筑坝材料,可分别采用圆弧滑动分析、折线滑动分析和坡面滑动分析等不同方法。

4.1.1 瑞典法

在《97 规范》中,给出了按用瑞典法确定坝坡抗震稳定的作用效应和抗力的代表值(图 4.1)。

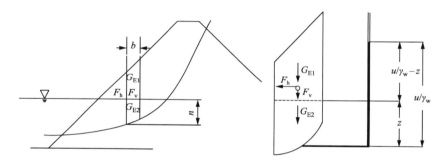

图 4.1 瑞典法计算示意

$$S = \sum \left[(G_{E1} + G_{E2} \pm F_v) \sin\theta_t + M_h/r \right] \tag{4.1}$$

$$R = \sum \left\{ cb\sec\theta_t + \left[(G_{E1} + G_{E2} \pm F_v)\cos\theta_t - F_h\sin\theta_t - (u - \gamma_w z)b\sec\theta_t \right] \tan\varphi \right\} \tag{4.2}$$

式中,r 为圆弧半径。b 为滑动体条块宽度。θ_t 为通过条块底面中点的滑弧半径与通过滑动圆弧圆心铅直线间的夹角,当半径由铅直线偏向坝轴线时取正号,反之,取负号。z 为坝坡外水位高出条块底面中点的垂直距离。u 为条块底面中点在稳定渗流情况下的孔隙水压力,可由流网确定,或由有限元渗流计算确定。γ_w 为水的容重。c、φ 为土石料在地震作用下的黏聚力和摩擦角。G_{E1} 为条块在坝坡外水位以上部分的实重标准值

$$G_{E1} = \sum (\gamma b \Delta h)_1 \tag{4.3}$$

其中,γ 为相应于各分段土石材料的实际容重(包括孔隙水重);Δh 为各条块在坝坡外水位以上部分的铅直分段高度。G_{E2} 为条块在坝坡外水位以下部分的浮重标准值

$$G_{E2} = \sum (\gamma' b \Delta h)_2 \tag{4.4}$$

其中,γ' 为条块在坝坡外水位以下部分的浮容重;Δh 为条块在坝坡外水位以下部分的铅直分段高度。F_h 为作用在条块重心处的水平向地震惯性力代表值

$$F_h = a_h \xi \alpha_i / g \tag{4.5}$$

其中,a_h 为水平向设计地震加速度代表值,按表 4.1 取值;ξ 为地震作用效应的折减系数,拟静力法计算地震作用效应时一般取 0.25;α_i 为质点 i 的动态分布系数,其取值参考《97 规范》,如图 4.2 所示;g 为重力加速度,取 $g = 9.81 \text{m/s}^2$。F_v 为作用在条块重心处的垂直向地震惯性力代表值,其作用方向可向上(+)或向下(−),以不利于稳定的方向为准

$$F_v = a_h \xi \alpha_i / (3g) \tag{4.6}$$

其中,1/3 考虑了两个因素:竖向设计地震加速度的代表值 a_v 应取水平向设计地震加速度代表值 a_h 的 2/3,同时计算水平向和竖向地震作用效应时,总的地震效应将竖向地震作用效应乘以 0.5 的耦合系数后与水平向地震作用效应直接相加。M_h 为 F_h 对圆心的力矩。

表 4.1　水平向设计地震加速度代表值 a_h

设计烈度	7	8	9
a_h	$0.1g$	$0.2g$	$0.4g$

采用安全系数 F_s 的计算公式为

$$F_s = \frac{\sum \{cb\sec\theta_t + [(G_{E1} + G_{E2} \pm F_v)\cos\theta_t - F_h\sin\theta_t - (u - \gamma_w z)b\sec\theta_t]\tan\varphi\}}{\sum [(G_{E1} + G_{E2} \pm F_v)\sin\theta_t + M_h/r]} \tag{4.7}$$

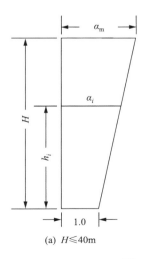
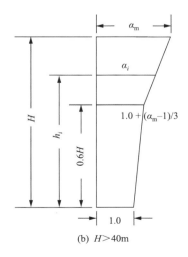

(a) $H \leqslant 40\text{m}$ 　　　　　　　　　(b) $H > 40\text{m}$

图 4.2　土石坝坝体动态分布系数

4.1.2　简化毕肖普法

采用简化毕肖普法,确定土石坝坝坡稳定安全系数 F_s 的计算公式如下:

$$F_s = \frac{\sum \{cb + [(G_{E1} + G_{E2} \pm F_v)\tan\phi - (u - \gamma_w z)b\tan\varphi]\sec\theta_t / (1 + \tan\varphi\tan\theta_t / F_s)\}}{\sum [(G_{E1} + G_{E2} \pm F_v)\sin\theta_t + M_h / r]}$$

$$(4.8)$$

式中,各符号的意义与瑞典法相同。

4.1.3　通用条分法

通用条分法最早由 Morgenstern 和 Price(1965)提出。图 4.3 为摩根斯顿-普赖斯法分析时计算示意图,式(4.9)~式(4.16)为安全系数 F_s 的相关计算公式。

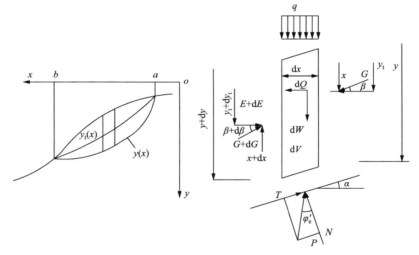

图 4.3　摩根斯顿-普赖斯法计算简图

$$\int_a^b p(x)s(x)\mathrm{d}x = 0 \qquad (4.9)$$

$$\int_a^b p(x)s(x)t(x)\mathrm{d}x - M_e = 0 \qquad (4.10)$$

$$p(x) = \left(\frac{\mathrm{d}W}{\mathrm{d}x} \pm \frac{\mathrm{d}V}{\mathrm{d}x} + q\right)\sin(\varphi_e' - \alpha) - u\sec\alpha\sin\varphi_e' + c_e'\sec\alpha\cos\varphi_e' - \frac{\mathrm{d}Q}{\mathrm{d}x}\cos(\varphi_e' - \alpha)$$

$$(4.11)$$

$$s(x) = \sec(\varphi_e' - \alpha + \beta)\exp\left[-\int_a^x \tan(\varphi_e' - \alpha + \beta)\frac{\mathrm{d}\beta}{\mathrm{d}\zeta}\mathrm{d}\zeta\right] \qquad (4.12)$$

$$t(x) = \int_a^x (\sin\beta - \cos\beta\tan\alpha)\exp\left[\int_a^\xi \tan(\varphi_e' - \alpha + \beta)\frac{\mathrm{d}\beta}{\mathrm{d}\zeta}\mathrm{d}\zeta\right]\mathrm{d}\xi \qquad (4.13)$$

$$M_e = \int_a^b \frac{dQ}{dx} h_e \, dx \tag{4.14}$$

$$c'_e = \frac{c'}{F_s} \tag{4.15}$$

$$\tan\varphi'_e = \frac{\tan\varphi'}{F_s} \tag{4.16}$$

式中,dx 为土条宽度;dW 为土条重量;q 为坡顶外部的垂直荷载;M_e 为水平地震惯性力对土条底部中点的力矩;dQ、dV 分别为土条的水平和垂直地震惯性力(向上为负,向下为正);α 为条块底面与水平面的夹角;β 为土条侧面的合力与水平方向的夹角;h_e 为水平地震惯性力到土条底面中点的垂直距离;c' 和 φ' 为土体的强度参数。

拟静力法将随机地震荷载等效为某一静力荷载施加于整个坝体,计算坝坡的抗滑稳定安全系数以衡量大坝的抗震安全性。该方法计算简单,并且有长期的应用经验。但拟静力法不能很好地考虑土体内部的应力-应变关系和实际工作状态,求出的安全系数只是所假定的潜在滑裂面上的平均安全度,所得到的条间内力和滑裂面底部反力并不能代表土体在产生滑移变形时的实际内力分布,无法确定土体变形,也不能考虑变形对稳定性的影响。这种单一抗震稳定安全系数评价动力稳定性方法的不足已得到了普遍认识(栾茂田等,2007)。基于地震反应分析的动力法逐渐得到重视和发展,应用也越来越广泛。

4.2　有限元动力稳定分析

考虑地震过程中坝体应力的瞬时变化,计算出每一时刻坝坡抗滑稳定安全系数的方法称为动力有限元时程法。动力有限元时程法可以考虑岩土材料的不均匀性及其非线性的应力-应变特性,从合理性而言,动力有限元时程法优于拟静力极限平衡法。

4.2.1　计算方法

1)安全系数计算

如图 4.4 所示,安全系数是潜在滑动面上土体能提供的最大抗剪强度同潜在滑动面上土体由外荷载产生的实际剪应力的比值。

采用有限元法分别计算出大坝的震前应力和地震时每一瞬时的动应力,根据单元的静、动应力叠加结果可对大坝进行稳定计算,其安全系数为

$$F_s = \frac{\sum_{i=1}^{n} (c_i + \sigma_i \tan\varphi_i) l_i}{\sum_{i=1}^{n} \tau_i l_i} \tag{4.17}$$

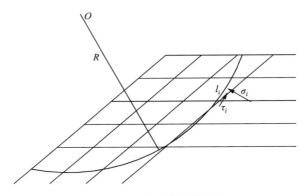

图 4.4　安全系数计算示意

式中，c_i、φ_i 分别为第 i 个单元土体的黏聚力和内摩擦角；l_i 为滑弧穿过第 i 个单元的长度；σ_i、τ_i 分别为第 i 个单元滑弧面上法向应力和切向应力，由式（4.18）和式（4.19）表示：

$$\sigma = \frac{\sigma_x + \sigma_y}{2} - \frac{\sigma_x - \sigma_y}{2}\cos 2\alpha - \tau_{xy}\sin 2\alpha \tag{4.18}$$

$$\tau = \frac{\sigma_x - \sigma_y}{2}\sin 2\alpha - \tau_{xy}\cos 2\alpha \tag{4.19}$$

式中，$\sigma_x = (\sigma_x^s + \sigma_x^d)$，$\sigma_y = (\sigma_y^s + \sigma_y^d)$，$\tau_{xy} = (\tau_{xy}^s + \tau_{xy}^d)$。其中，$\sigma_x^s$ 为单元的静水平应力；σ_x^d 为单元的动水平应力；σ_y^s 为单元的静竖向应力；σ_y^d 为单元的动竖向应力；τ_{xy}^s 为单元的静剪应力；τ_{xy}^d 为单元的动剪应力。

2）每一时刻最小安全系数确定

传统的 Newmark 法通常先通过拟静力法固定滑块体（Newmark，1965），然后针对固定滑弧计算其安全系数时程，这种方法不能精确定位最危险滑弧位置，不利于合理选择加固措施及确定加固范围。考虑到最小安全系数对应的滑弧位置可能随时间不断变化，有限元动力时程法可以在每一个时刻均采用枚举法根据单元应力自动搜索最危险滑弧，这种方法更为合理和精确。

采用有限元动力时程法研究土石坝的抗震稳定性时，国际上通常认可的标准为：如果在整个地震过程中最小稳定安全系数大于 1.0，则可以认为坝坡是稳定的。如果出现最小安全系数小于 1.0，并不意味坝坡就一定会失稳破坏，这主要因为动力荷载是往复的，在某一时刻安全系数可能小于 1.0，其持续很短时间后，安全系数又可能大于 1.0，在这种情况下，坝坡将出现微小的永久变形，可以采用任意滑弧滑移分析方法（徐斌等，2012；Zou et al.，2012）计算得到，根据计算的滑移量可以对高土石坝地震时的稳定性进行定量分析，进而确定需要加固的区域。

3）滑移量计算

对于任意滑弧，通过式(4.20)计算滑块绕圆心的滑动角加速度

$$\ddot{\boldsymbol{\theta}}(t) = \frac{\boldsymbol{M}}{\boldsymbol{I}} \tag{4.20}$$

$$\boldsymbol{M} = \Big[\sum_{i=1}^{n} \tau_i l_i - \sum_{i=1}^{n} (c_i + \sigma_i \tan\varphi_i) l_i \Big] R \tag{4.21}$$

式中，$\boldsymbol{I}$ 为滑动体的转动惯量；$\ddot{\boldsymbol{\theta}}(t)$ 为滑动体瞬时失稳后的滑动角加速度；$\boldsymbol{M}$ 为作用在滑动体上的转动力矩；R 为滑弧半径。

当某时刻某个滑弧出现瞬时滑动时，滑弧的滑动量为

$$D_i^k = R^k \theta_i^k = R^k \iint \ddot{\theta}_i^k \mathrm{d}t \tag{4.22}$$

在整个时间段里可能出现多次瞬时滑动，则累计滑动量为

$$D^k = \sum_{i=1}^{n} D_i^k \tag{4.23}$$

坝坡的最大滑移量取所有可能滑弧累计滑移量的最大值：

$$D_{\max} = \max(D^1, D^2, \cdots, D^k, \cdots, D^m) \tag{4.24}$$

有限元动力时程法可以同时考虑水平和竖向地震作用下大坝的真实动力反应，描述地震过程中坝体应力状态的瞬时变化，且不必借助于拟静力法确定滑弧，计算出每一时刻坝坡抗滑稳定安全系数，并能获取动力时程中坝坡滑移量累计过程，精确计算所有时刻的最小安全系数和地震后最大滑移量，反映地震过程中坝坡抗滑稳定安全系数和滑移量随时间的动态变化过程。有限元动力时程法不再依靠单一的安全系数来判断坝坡的抗滑稳定性，滑动体的累计滑移量成为另一个重要的评价标准。

4.2.2　有限元动力稳定和滑移变形分析

有限元动力稳定计算时，大多采用根据规范谱或场地谱人工合成的地震波作为地震动输入，人工波时长一般在 20~50s，没有考虑震级对地震波持时的影响。汶川地震中相关台站记录得到的地震波有效时长达到 120s（陈生水等，2008），因此，有必要针对地震动持时对坝坡稳定和变形的影响进行研究。

1. 计算模型及材料参数

为了便于比较，选取均质堆石坝进行计算，坝坡比均为 1：1.5，不同高度堆石坝断面计算网格如图 4.5 所示。为获得动力计算所需的初始应力场，先进行静力的填筑计算，静力计算采用 Duncan-Chang E-B 模型，模型参数如表 4.2 所示。动力采用等效线性模型，计算参数如表 4.3 所示，堆石料的归一化动剪切模量和等效

阻尼比与动剪应变幅的关系采用文献(孔宪京等,2001)建议的平均值,如图 3.13 和图 3.14 所示。计算分别采用作者课题组开发的岩土工程非线性有限元静、动力分析程序 GEODYNA、有限元动力稳定和变形分析程序 FEMSTABLE 及拟静力稳定分析程序 GEOSTABLE。

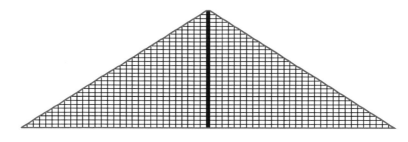

图 4.5　堆石坝网格

坝高 300m

表 4.2　静力模型计算参数

$\rho_d/(g/cm^3)$	$\varphi_0/(°)$	$\Delta\varphi/(°)$	K	n	R_f	K_b	m
2.2	51.8	10.4	1100	0.35	0.82	600	0.1

表 4.3　动力模型计算参数

K	n	μ
2339	0.5	0.33

2. 地震动输入

采用现行《水工建筑物抗震设计规范》(DL 5073—2000)规定的标准反应谱,相应特征周期为 0.2s,反应谱最大值 $\beta_{max}=2.25$,生成人工地震波,作为有限元动力时程分析的地震输入,为考虑地震持时的影响,生成地震波的时间分别为 30s 和 120s,加速度时程曲线如图 4.6 所示。考虑地震烈度 7 度、8 度和 9 度时的加速度峰值分别取为 $0.1g$、$0.2g$ 和 $0.4g$,计算工况见表 4.4。

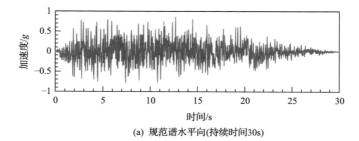

(a) 规范谱水平向(持续时间30s)

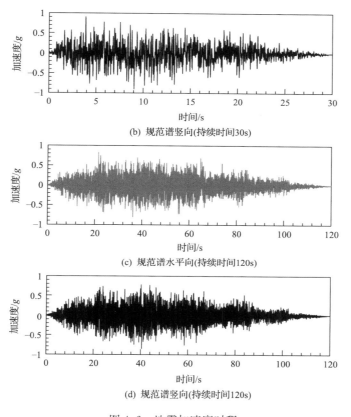

(b) 规范谱竖向(持续时间30s)

(c) 规范谱水平向(持续时间120s)

(d) 规范谱竖向(持续时间120s)

图4.6　地震加速度时程

表4.4　计算工况

计算方法	地震烈度	坝高/m
拟静力法	7、8和9	100
		150
		200
		300
有限元动力法	7、8和9	100
		150
		200
		300

3. 结果分析

1) 最危险滑弧确定方法研究

分别采用固定滑弧(拟静力法确定的最危险滑弧)和任意搜索滑弧时,计算每一时刻的最小安全系数。表4.5给出了坝高300m时不同方法计算的安全系数。由表可以看出,固定滑弧时计算结果要大于任意滑弧搜索计算结果,这表明固定滑弧计算的安全系数并不是最小的安全系数,分析结果是偏于不安全的。

表4.5　最小安全系数计算结果(坝高300m)

烈度	有限元法	
	拟静力法确定的滑弧	任意滑弧
7	1.553	1.350
8	1.461	1.182
9	1.299	0.951

另外,对最小安全系数和最大滑移量之间的关系进行研究。图4.7和图4.8为坝高150m时最小安全系数和最大滑移量对应的滑弧和滑动量。由图可以看出,最小安全系数和最大滑移量对应的滑弧并不一致。表4.6给出了9度地震时,不同坝高最小安全系数对应滑弧的累积滑动量与最大滑动量。由表可以看出,随坝高增加,

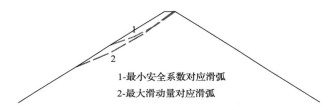

1-最小安全系数对应滑弧
2-最大滑动量对应滑弧

图4.7　最小安全系数与最大滑动量对应滑弧(9度地震)

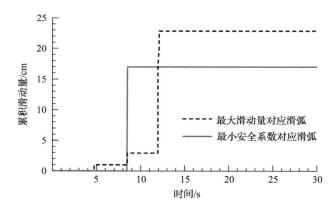

图4.8　累积滑动量(9度地震)

二者差别逐渐增大。这说明如果最小安全系数大于 1.0,则最危险滑弧为最小安全系数对应的滑弧;如果最小安全系数小于 1.0,则最危险滑弧应为最大滑移量对应的滑弧。坝坡稳定安全性需要综合安全系数与变形计算结果进行评价。

表 4.6　不同滑弧累积滑动量

烈度	坝高/m	累积滑动量/cm	
		最小安全系数对应滑弧	最大滑动量
9	100	9.3	10.1
	150	17	23
	200	24	34
	300	35	47

2) 地震持续时间影响研究

图 4.9 和图 4.10 为坝高 300m,9 度地震,地震波持续时间分别为 30s 和 120s 情况下,计算得到的最小安全系数对应滑弧及其对应的滑动量。由图可以看出,不同地震持续时间情况下,最小安全系数及其对应滑弧差别不大,但滑动量有较大差别,地震持续时间为 30s 和 120s,对应的累积滑动量分别为 17cm 和 42cm。这表

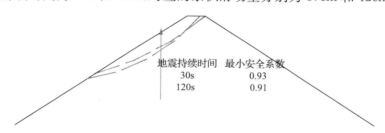

地震持续时间　最小安全系数
30s　　　　　0.93
120s　　　　 0.91

图 4.9　不同地震持续时间的最小安全系数与对应滑弧(300m,0.4g)

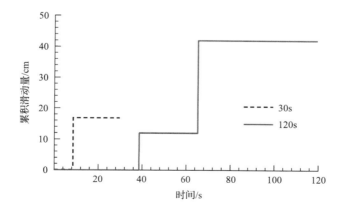

图 4.10　不同地震持续时间滑弧累积滑动量

明地震持续时间虽然对安全系数影响不大,但对滑动量有较大影响,这是因为地震持续时间较长时,震动过程中,超过屈服加速度的时刻增加,会出现多次滑动。因此,坝坡滑移分析时应考虑地震持续时间的影响,坝坡滑移量比安全系数更能合理地反映强震时坝坡的稳定性。

　　3)滑弧位置、深度及加固范围研究

　　图 4.11 为坝高 100m 和 300m,8 度地震时,拟静力法和有限元动力法计算得到的最小安全系数及其对应的滑弧。从图中可以看出,有限元动力法计算得到的最小安全系数对应的滑弧均为浅层滑动,而拟静力法滑弧相对较深且滑动范围从坝顶贯穿到坝坡底部,显然有限元动力法计算的更为合理,与实际震害是一致的。

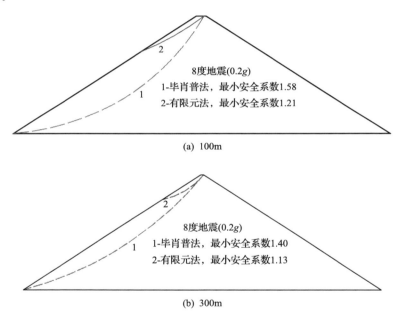

8度地震(0.2g)
1-毕肖普法,最小安全系数1.58
2-有限元法,最小安全系数1.21

(a) 100m

8度地震(0.2g)
1-毕肖普法,最小安全系数1.40
2-有限元法,最小安全系数1.13

(b) 300m

图 4.11　不同方法计算得到的最小安全系数及其对应的滑弧

　　图 4.12 为 8 度地震时不同坝高中轴线水平向加速度放大倍数与归一化坝高关系曲线,加速度在超过坝高 4/5 以上时增大趋势明显,拟静力计算时采用规范建议的分布在 4/5 坝高以下的加速度放大倍数大于有限元计算结果,且在计算惯性力时考虑了 1/4 的综合影响系数也减弱了地震动的影响,这就导致拟静力法计算得到的滑弧较深且滑动范围较大。因此,根据拟静力法计算结果难以合理确定坝坡的最危险滑弧,不便于确定加固范围。

　　《水电工程防震研究设计及专题报告编制暂行规定》(水电规计〔2008〕24 号)

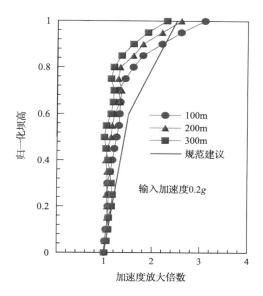

图 4.12　坝轴线水平向加速度放大倍数

规定,壅水建筑物应取基准期 100 年超越概率 2% 的地震动参数作为设计参数,取基准期 100 年超越概率 1% 进行校核。当取基准期 100 年超越概率 1% 的地震动进行校核时,我国西部地区的一些高坝的坝址地震峰值加速度已经接近或超过 9 度。因此,这里采用 9 度地震进行坝坡加固范围研究。

为了合理确定坝坡的加固范围,研究了不同滑弧深度对安全系数的影响规律。滑弧深度定义为滑弧距离坝坡的最大水平距离,如图 4.13 所示。图 4.14 为坝高 100m,9 度地震时,不同深度滑弧对应的安全系数。可以看出,滑弧深度为 10m 时,安全系数为 1.01。这表明不同滑弧深度对坝坡安全系数有较大影响,且存在一个临界深度,当滑弧超过该临界深度时,坝坡安全系数大于 1.0,不会产生滑移变形。

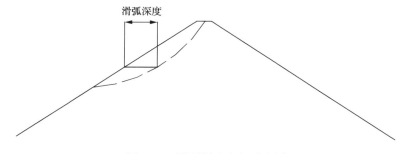

图 4.13　滑弧深度定义示意图

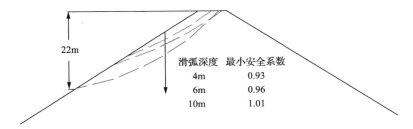

图 4.14　不同滑弧深度最小安全系数(坝高 100m,9 度地震)

图 4.15 给出了坝高为 100m、200m 和 300m 时,地震烈度为 9 度情况下有限元动力法计算得到的安全系数为 1.0 的临界滑弧沿坝高范围与深度。由图可以看出,临界滑弧位置一般在坝顶 1/5 坝高范围,深度一般为坝高 1/10,这与孔宪京等(2006)根据振动台模型试验与数值计算建议的坝顶 1/5 高度范围内应采取加固措施的结论是一致。考虑到地震强度具有很大的随机性,水平加固范围可取为滑弧深度的 1～1.5 倍。

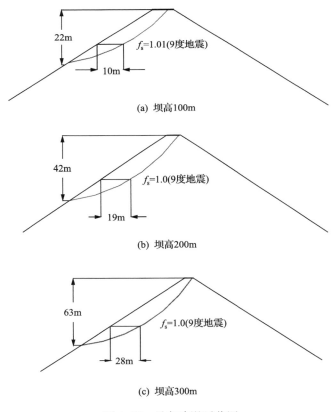

图 4.15　最危险滑弧范围

4. 小结

（1）拟静力法采用规范建议的加速度放大倍数难以反映高土石坝（100m 以上）实际地震反应规律，导致计算得到的最危险滑弧较深且滑动范围偏大，不利于确定坝坡的加固范围。

（2）坝坡在地震过程中，最小安全系数滑弧是不断变化的，有限元动力法计算坝坡稳定时，应在每一时刻搜索最危险滑弧。

（3）地震持续时间对坝坡安全系数影响不大，但对坝坡滑动量有较大影响，高土石坝坝坡变形分析时，应考虑地震动持续时间的影响。

（4）地震过程中，最小安全系数与最大滑动量对应的滑弧并不一致，当最小安全系数大于 1.0 时，最危险滑弧为最小安全系数对应的滑弧；当最小安全系数小于 1.0 时，最危险滑弧为滑移量最大对应的滑弧。坝坡稳定安全性需要根据安全系数与变形计算结果，并结合实际工程风险进行综合评价。

4.2.3　基于块体滑移法的紫坪铺大坝面板错台分析

2008 年 5 月 12 日，距紫坪铺大坝以西约 17km 的汶川发生了里氏 8.0 级强烈地震，震中最大烈度高达 11 度。紫坪铺大坝是目前世界上唯一一座遭遇强震且坝高大于 150m 的混凝土面板堆石坝。强烈地震导致紫坪铺大坝出现了明显损伤（陈生水等，2008），大坝 845m 高程二、三期混凝土面板之间施工缝出现了大面积的错台现象。通过采用基于每一时刻任意圆弧搜索的有限元动力时程的块体滑移变形分析方法，计算紫坪铺大坝坝坡的地震滑移变形，研究汶川地震中紫坪铺大坝面板的错台现象，分析影响其错台的主要因素。在此基础上，对面板堆石坝的抗震加固措施提出一些建议。

1. 工程概况及面板错台情况

1）工程概况

紫坪铺水利枢纽工程位于四川省成都市西北 60 余公里的岷江上游都江堰市的麻溪乡。枢纽挡水建筑物采用混凝土面板堆石坝，坝高 156m，坝顶高程 884m，上游坝面坡度为 1：1.4，下游坝面坡度在 840.0m 马道以上为 1：1.5，840.0m 马道以下为 1：1.4，地震时库水位为 828.7m，混凝土面板强度为 C25。大坝的最大断面如图 4.16 所示（水利部四川水利水电勘测设计研究院，2008）。

2）面板错台情况

汶川地震中，紫坪铺大坝 845m 高程二、三期混凝土面板施工缝处错开，最大错台达 17cm，涉及 26 块面板，总错台长度达 340m，图 1.3（b）为二期与

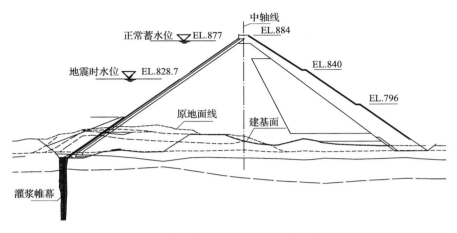

图 4.16　紫坪铺大坝 dam0＋321 典型断面图

三期面板之间出现的错台。凿除受损坏混凝土后发现,面板错台后面板中部受力筋呈"Z"形拉伸折曲,三期面板受力筋以下混凝土拉裂脱落,接触面混凝土破碎。

2. 施工缝错台计算分析

为获得紫坪铺大坝动力计算所需的初始应力场,先进行有限元静力的填筑计算,然后进行地震作用下的动力计算和稳定与滑移变形计算,分析程序分别采用GEODYNA(邹德高等,2003)和 FEMSTABLE。

1) 计算模型与参数

紫坪铺大坝有限元网格如图 4.17 所示。大坝有限元静力计算采用 Duncan-Chang *E-B* 模型,动力计算采用等效线性模型,计算参数均采用紫坪铺坝料试验成果(刘小生等,2005),表 4.7 和表 4.8 给出了静力计算参数和动力计算的最大剪切模量系数。筑坝材料归一化动剪切模量和等效阻尼比与动剪应变幅的关系曲线如图 4.18和图 4.19 所示。

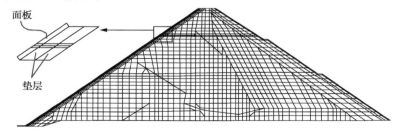

图 4.17　紫坪铺大坝二维有限元网格

表 4.7　静力模型计算参数

材料	$\rho_d/(\text{g}/\text{cm}^3)$	$\varphi_0/(°)$	$\Delta\varphi/(°)$	K	n	R_f	K_b	m
主堆石	2.16	55	10.6	1089	0.33	0.79	965	−0.21
过渡料	2.25	58	11.4	1085	0.38	0.75	1084	−0.09
垫层料	2.30	58	10.7	1274	0.44	0.84	1276	−0.03

表 4.8　动力模型计算参数

材料	K	n
主堆石	3784.4	0.416
过渡料	3183.6	0.509
垫层料	3051.7	0.505

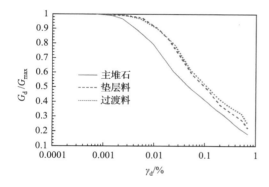

图 4.18　筑坝料归一化动剪切模量与
动剪应变幅关系

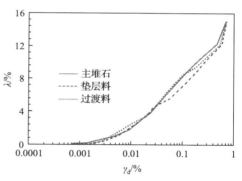

图 4.19　筑坝料等效阻尼比与
动剪应变幅关系

　　计算中面板材料采用线弹性本构模型,表 4.9 给出了面板计算参数。混凝土抗剪强度是混凝土材料的基本力学性能指标之一,但目前国内外大多数混凝土结构设计规范均未对混凝土抗剪强度做出具体规定。Hofbeck 等(1969)通过大量的试验研究混凝土的抗剪强度,得出混凝土的抗剪强度与抗压强度之比为 0.119~0.316。李宏和刘西拉(1969)对混凝土的抗剪强度进行力学推导,得出混凝土的抗剪强度为

$$\tau_0 = \frac{1}{2}\sqrt{f_c f_t} \tag{4.25}$$

式中,f_c 为混凝土轴心抗压强度标准值;f_t 为混凝土轴心抗拉强度标准值。

表 4.9　线弹性模型参数

材料	$\rho/(g/cm^3)$	E/MPa	μ
混凝土面板	2.40	28000	0.167

C25 混凝土轴心抗压强度为 16.7MPa,轴心抗拉强度为 1.78MPa,由式(4.25)可以计算出其抗剪强度为 2.73MPa,抗剪强度与抗压强度之比为 0.163。

研究表明,施工缝处的混凝土抗剪强度相对整浇混凝土较低。如果缝面不进行处理,其抗剪强度只有整浇的 50%左右(李英民等,2010),而当循环的地震力作用于缝面时,这种强度还要下降 60%左右(Jensen,1975;Mattock,1981)。因此,滑移变形分析过程中施工缝处混凝土面板的抗剪强度取为 0.545MPa。

2) 地震动输入

由于紫坪铺地震观测台网没有测到实际的基岩加速度时程,采用了汶川地震中茂县地办基岩实测加速度作为地震输入(孔宪京等,2009a)。文献(陈生水等,2008;孔宪京等,2009a;赵剑明等;2009)估计汶川地震时紫坪铺大坝基岩的水平向峰值大于 0.5g,因此这里取为 0.55g。其中,竖向加速度峰值取为顺河向的 2/3,地震加速度时程曲线如图 4.20 所示。

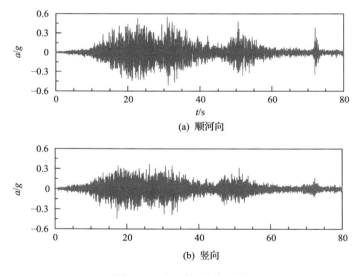

图 4.20　地震加速度时程

3) 计算结果与分析

图 4.21 为大坝上游坝坡最小安全系数时程曲线。从图中可以看出:在长达 80s 的地震过程中,大坝上游坝坡不少时刻存在安全系数小于 1.0 的情况,上游坝坡最小安全系数为 0.55,说明坝坡将出现滑移变形。图 4.22 为采用任意圆弧块

体滑移分析方法计算上游坝坡最危险滑弧的累计滑动量。从图中可以看出,在地震作用下,上游坝坡累计滑动量为 7.1cm。需要指出,不同时刻的最小安全系数对应的滑弧并不一定相同。

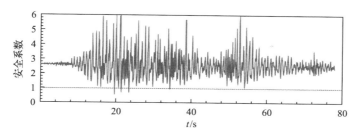

图 4.21　上游坝坡安全系数时程(最小安全系数 0.55)

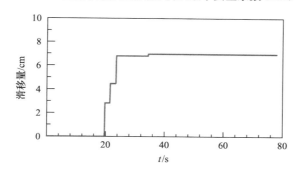

图 4.22　上游坝坡累积滑动量

　　图 4.23 为上游坝坡最大滑移量对应的滑弧。从图中可以看出,上游坝坡的滑移发生在坝顶区域。大坝在强震作用下,由于坝体结构对地震波的放大效应,坝体上部区域加速度反应往往较大(最大加速度达 $0.82g$)(图 4.24),而施工缝作为面板结构的薄弱部位,容易从施工缝处滑出,在宏观上即表现为面板的错台。同时,由于地震时库水位(828.7m)比面板二期与三期施工缝处高程(845.0m)低,这种情况也可能导致错台现象加重。

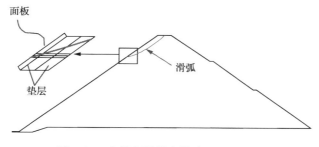

图 4.23　上游坝坡最大滑移量对应滑弧

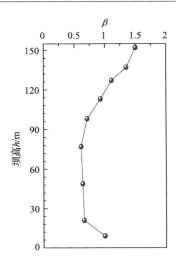

图 4.24　坝体中轴线的水平向加速度放大倍数

采用块体滑移法计算得出的最大滑移量对应的滑弧滑出点位于二期与三期面板的施工缝处(图 4.23)且上游坝坡累计滑移量(即面板错台量)为 7.1cm,汶川地震中紫坪铺面板堆石坝二、三期混凝土面板施工缝处最大错台达 17cm,表明采用块体滑移法能够模拟面板的错台现象。计算结果与实测结果存在一定的差别,可能是计算时没考虑堆石体的应变软化特性。

3. 影响错台的因素分析

为了进一步研究地震作用下影响面板错台的因素,分别对地震加速度峰值及地震时库水位等因素进行分析。

1) 加速度峰值对错台的影响

为了研究加速度峰值对面板错台的影响,将地震动峰值分别取为 0.2g、0.4g、0.46g 和 0.50g,其他参数不变。当地震动峰值达到 0.4g 时,紫坪铺大坝上游最小安全系数为 1.1,面板没发生错台,而当地震动峰值为 0.46g 时,紫坪铺大坝上游最小安全系数为 0.75,错台量为 1.7cm。图 4.25 和图 4.26 分别为地震作用下大坝上游最小安全系数和二三期面板施工缝错台量随加速度峰值变化曲线。从图中可以看出,随着地震加速度峰值的增加,上游坝坡安全系数逐渐降低,面板施工缝错台量也随着增加,地震动对面板的错台影响很大。因此在强震作用下,应考虑面板的错台破坏。

2) 地震时水位对错台的影响

将地震时水位分别取为 850m(高出二期与三期面板施工缝 5m)和 875m(高出二期与三期面板施工缝 30m),其他参数不变,对紫坪铺大坝进行动力稳定计算。

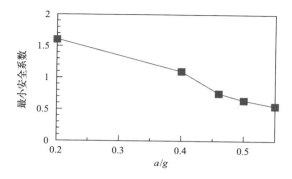

图 4.25　上游坝坡不同地震动峰值对应最小安全系数

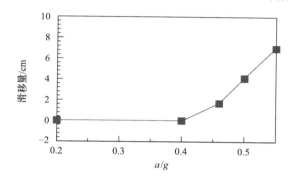

图 4.26　面板在不同地震动峰值对应累计错动滑移量

当水位为 850m 时,上游坝坡最小安全系数为 0.62,面板错台量为 3.7cm,而当水位为 865m 时,上游坝坡最小安全系数为 1.05,面板未发生错台,说明水位对面板错台影响较大。

水位较高时,面板受向下游的水压力作用,上游堆石滑块体相对不易滑动,而水位较低时,由于没有水压力的约束作用,面板薄弱处更容易产生错台。

值得注意的是,地震时库水位为 850m(仅高出二期与三期面板施工缝 5m)时,面板也容易产生错台,此时面板错台处会发生渗漏,大坝安全将受到威胁。

4.2.4　考虑堆石料软化特性的坝坡动力稳定滑移变形分析

目前基于块体滑移法的有限元动力稳定分析中,当安全系数小于 1 时没有考虑滑动面的堆石体抗剪强度的下降,不考虑堆石的抗剪强度与剪应变的相关性。研究表明,高土石坝的坝坡失稳一般表现为坝体顶部浅层滑动,滑裂面上堆石体的围压相对较低,而低围压下堆石体应变软化较为明显。若不考虑堆石体的应变软化特性,计算结果将不合理。

对 10 组已建或拟建工程堆石料静力三轴固结排水剪切试验数据进行分析整

理,计算得到相应的峰值强度和残余强度,并拟合出考虑堆石料软化的归一化残余强度关系,据此采用块体滑移法分析软化时稳定的影响。

1. 残余强度试验参数整理

图 4.27～图 4.36 分别是 10 组已建或拟建堆石料三轴固结排水剪轴向应变与偏应力、体应变的关系曲线图。三轴试验数据主要包括轴向应变 ε_1 和偏应力 $\sigma_1-\sigma_3$ 的关系及 ε_1 和体应变 ε_v 的关系,另外剪应变 γ 和轴向应变 ε_1 及体应变 ε_v 存在下列关系:

$$\gamma = \frac{3}{2}\varepsilon_1 - \frac{1}{2}\varepsilon_v \tag{4.26}$$

从上述 10 组堆石料三轴试验曲线关系图中可以看出,在低围压条件下,堆石料容易发生应变软化现象,即堆石料强度达到峰值点后,其强度将随轴向应变的增加而减小。

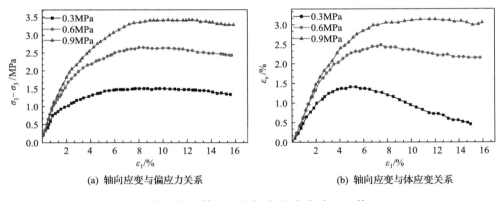

(a) 轴向应变与偏应力关系　　　　　(b) 轴向应变与体应变关系

图 4.27　堆石料三轴试验应力-应变关系(秦红玉等,2004)

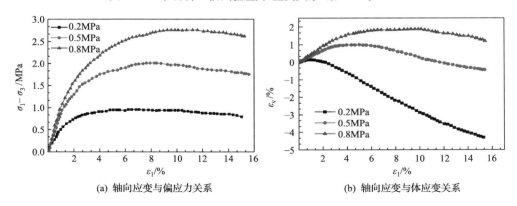

(a) 轴向应变与偏应力关系　　　　　(b) 轴向应变与体应变关系

图 4.28　堆石料三轴试验应力-应变关系(朱俊高等,2012)

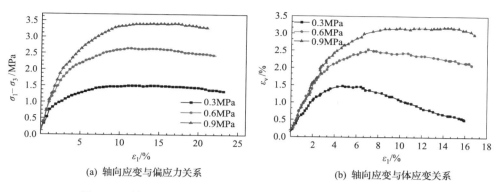

图 4.29　堆石料三轴试验应力-应变关系(孙海忠和黄茂松,2009)

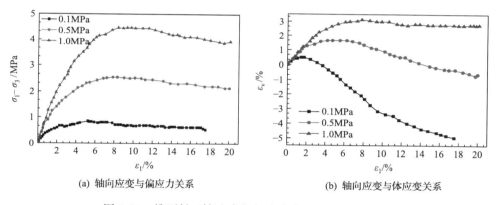

图 4.30　堆石料三轴试验应力-应变关系(张兵等,2008)

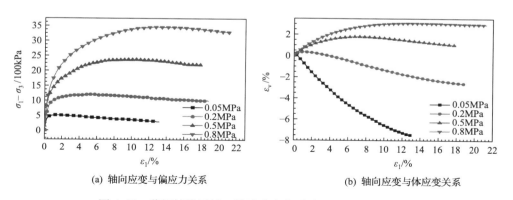

图 4.31　紫坪铺堆石料三轴试验应力-应变关系(周扬,2012)

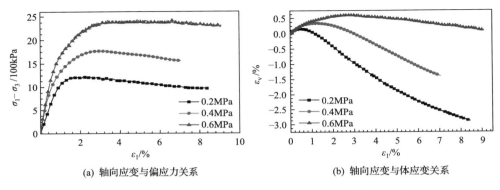

(a) 轴向应变与偏应力关系　　　　　　(b) 轴向应变与体应变关系

图 4.32　泸定堆石料三轴试验应力-应变关系(孟凡伟,2007)

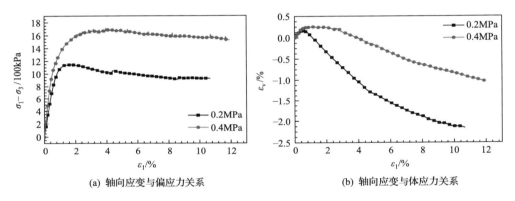

(a) 轴向应变与偏应力关系　　　　　　(b) 轴向应变与体应力关系

图 4.33　吉勒布拉克堆石料三轴试验应力-应变关系(孔宪京等,2009b)

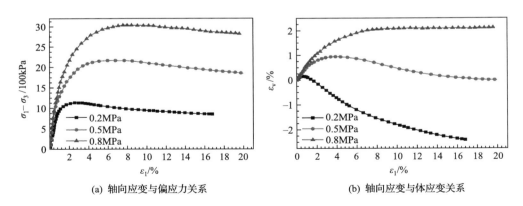

(a) 轴向应变与偏应力关系　　　　　　(b) 轴向应变与体应变关系

图 4.34　古水反滤料三轴试验应力-应变关系(孔宪京等,2014)

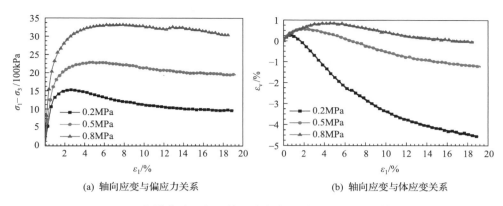

(a) 轴向应变与偏应力关系　　　　　　　　　(b) 轴向应变与体应变关系

图 4.35　阿尔塔什堆石料三轴试验应力-应变关系(孔宪京等, 2012)

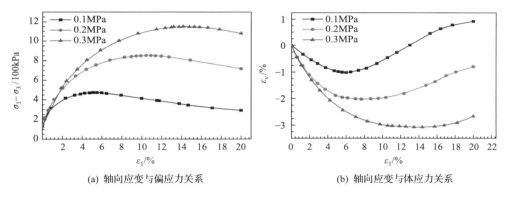

(a) 轴向应变与偏应力关系　　　　　　　　　(b) 轴向应变与体应力关系

图 4.36　堆石料三轴试验应力-应变关系(Indraratna et al. , 1993)

由式(4.26)可以计算得到堆石体的剪应变与相应偏应力的关系。

对于堆石料,强度参数内摩擦角 φ 随围压的增加而降低

$$\varphi = \varphi_0 - \Delta\varphi\lg\frac{\sigma_3}{p_\mathrm{a}} \tag{4.27}$$

通过式(4.27)可得到堆石体的峰值强度参数 φ_0 和 $\Delta\varphi$。堆石体达到峰值强度后,随着剪应变的增加,其强度逐渐降低,由此可以整理出不同的峰后剪应变与其对应的强度。为了得到一般化规律,将试验结果进行归一化处理,即将峰后强度除以峰值强度,得到一个无量纲的数值;将所得到的 10 组(φ_0 和 $\Delta\varphi$)无量纲数值分别作为纵坐标,将峰后剪应变作为横坐标绘图分析。由此拟合出归一化的强度参数曲线(图 4.37)。

可以看出,低围压条件下的堆石料在达到峰值强度后,其强度参数将随剪应变的增加而逐渐降低。

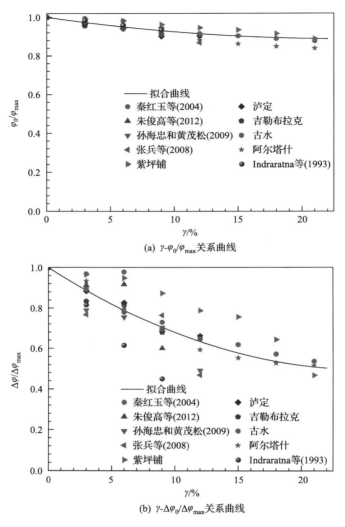

(a) γ-φ_0/φ_{max}关系曲线

(b) γ-$\Delta\varphi_0/\Delta\varphi_{max}$关系曲线

图 4.37　峰后剪应变与峰后强度关系

2. 有限元动力稳定计算

1) 计算模型与材料参数

选取面板堆石坝进行计算,上游坝坡比为 1∶1.4,下游坝坡比 1∶1.5,坝高为 300m,计算网格如图 4.38 所示。为获得动力计算所需的初始应力场,先进行静力的填筑计算,静力计算采用 Duncan-Chang E-B 模型,模型参数见表 4.10。动力采用等效线性模型,计算参数见表 4.11,堆石料的归一化动剪切模量和等效阻尼比与动剪应变幅的关系采用作者建议的平均值(孔宪京等,2001),如图 3.13 和图

3.14 所示。通过图 4.37 可以得到峰后剪应变和峰后强度的关系（表 4.12），假定现场堆石的平均粒径为 0.18m，则剪切带宽度取 0.90m。

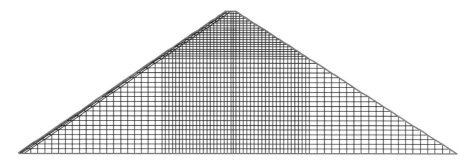

图 4.38　面板堆石坝网格图

表 4.10　静力模型参数

材料	$\rho/(\text{kg/m}^3)$	$\varphi_0/(°)$	$\Delta\varphi/(°)$	K	n	R_f	K_b	m
堆石料	2160	49.8	7.2	1109	0.24	0.64	420	0.25

表 4.11　动力模型参数

材料	K	n
堆石料	2339	0.5

表 4.12　峰后强度

峰后剪应变	$\varphi_0/(°)$	$\Delta\varphi/(°)$
0.00（峰值强度）	49.80	7.2
0.03	48.85	6.65
0.06	47.96	6.16
0.09	47.01	5.67
0.12	46.07	5.18
0.15	45.12	4.69
0.18	44.17	4.20
0.21	43.20	3.72

2）地震动输入

地震输入采用某工程场地谱人工波，如图 4.39 所示。其中，竖向地震动峰值取顺河向的 2/3。

3）计算结果

图 4.40～图 4.42 给出了地震动输入峰值为 0.4g 时，下游坝坡安全系数时程、下游坡最危险滑裂面滑动量及下游坝坡最危险滑动面。计算结果见表 4.13。

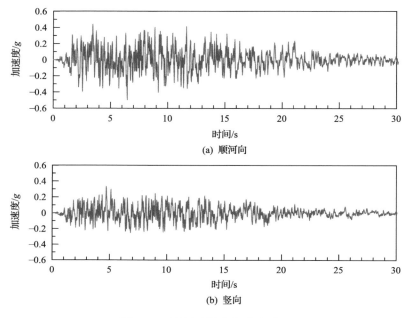

图 4.39　地震动输入加速度时程

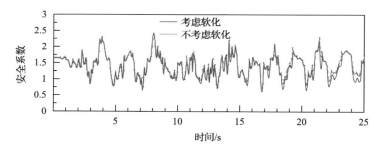

图 4.40　下游坝坡安全系数时程（0.4g）

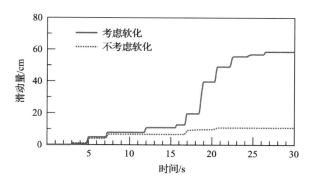

图 4.41　下游坡最危险滑裂面滑动量（0.4g）

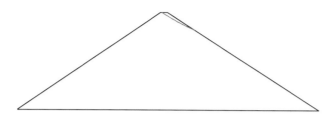

图 4.42　下游坝坡最危险滑动面(0.4g)

表 4.13　不同加速度峰值对应的结果

顺河向加速度峰值/g	最小安全系数		滑移量/cm	
	不考虑软化	考虑软化	不考虑软化	考虑软化
0.3	0.86	0.86	1.67	2.00
0.4	0.67	0.61	11.02	58.55
0.5	0.61	0.50	25.11	175.18

由表可以看出,地震过程中,无论坝坡的最小安全系数,还是滑裂面的滑移量,随着顺河向加速度峰值的增加,考虑软化与不考虑软化的计算结果差别都逐渐增大。这是由于随着加速度峰值的增加,滑移量增大,滑移剪应变增大,此时坝坡堆石体发生明显的软化。考虑坝坡堆石体的软化,对高面板堆石坝极限抗震能力分析具有重要的意义。

图 4.43 和图 4.44 给出了地震动输入峰值为 0.4g 时,堆石料平均粒径为 0.18m 和 0.09m 下游坝坡安全系数时程和下游坡最危险滑裂面滑动量的结果。

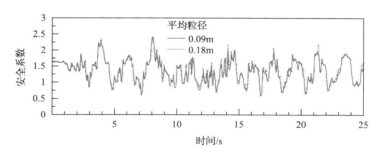

图 4.43　下游坝坡安全系数时程(0.4g,考虑软化)

由图可以看出,当平均粒径减小时,滑移剪切应变较大,导致软化程度增加,滑移量进一步增大。因此,从软化的角度来看,增大堆石料的平均粒径有助于提高强震时坝坡的稳定性。

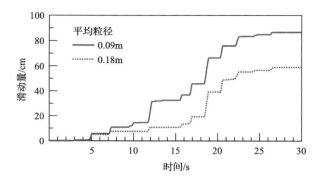

图 4.44　下游坡最危险滑裂面滑动量(0.4g,考虑软化)

参 考 文 献

陈生水,霍家平,章为民. 2008. 汶川"5·12"地震对紫坪铺混凝土面板堆石坝的影响及原因分析. 岩土工程学报,30(6):795-801

孔宪京,娄树莲,邹德高,等. 2001. 筑坝堆石料的等效动剪切模量与等效阻尼比. 水利学报,(8):20-25

孔宪京,邹德高,邓学晶,等. 2006. 高土石坝综合抗震措施及其效果的验算. 水利学报,37(12):1489-1495

孔宪京,邹德高,周扬,等. 2009a. 汶川地震中紫坪铺混凝土面板堆石坝震害分析. 大连:大连理工大学学报,(05):667-674

孔宪京,邹德高,徐斌,等. 2009b. 吉勒布拉克水电站工程混凝土面板堆石坝三维有限元静力计算分析. 大连:大连理工大学土木水利学院工程抗震研究所

孔宪京,邹德高,徐斌,等. 2012. 新疆阿尔塔什水利枢纽工程筑坝材料试验及静、动力计算分析. 大连:大连理工大学土木水利学院工程抗震研究所

孔宪京,邹德高,周扬,等. 2014. 300m 级高面板堆石坝抗震安全性及工程措施研究子题报告——高面板堆石坝动力反应特性及抗震安全研究. 大连:大连理工大学

李宏,刘西拉. 1969. 混凝土拉、剪临界破坏及纯剪强度. 工程力学,9(4):1-9

李英民,于婧,刘建伟. 2010. 现浇钢筋混凝土结构中施工缝的模型化研究初探. 西安建筑科技大学学报(自然科学版),42(2):196-200

刘小生,王钟宁,汪小刚,等. 2005. 面板坝大型振动台模型试验与动力分析. 北京:中国水利水电出版社

栾茂田,李湛,范庆来. 2007. 土石坝拟静力抗震稳定性分析与坝坡地震滑移量估算. 岩土力学,28(2):224-230

孟凡伟. 2007. 沈珠江残余变形模型的改进及其应用研究. 大连:大连理工大学硕士学位论文

秦红玉,刘汉龙,高玉峰,等. 2004. 粗粒料强度和变形的大型三轴试验研究. 岩土力学,25(10):1575-1580

水利部四川水利水电勘测设计研究院. 2008. 紫坪铺水利枢纽工程混凝土面板堆石坝震后处理. 成都

孙海忠,黄茂松. 2009. 考虑粗粒土应变软化特性和剪胀性的本构模型. 同济大学学报:自然科学版,37(6):727-732

徐斌,邹德高,孔宪京,等. 2012. 高土石坝坝坡地震稳定分析研究. 岩土工程学报,01(34):139-144

张兵,高玉峰,毛金生,等. 2008. 堆石料强度和变形性质的大型三轴试验及模型对比研究. 防灾减灾工程学报,28(1):122-126

赵剑明,刘小生,温彦锋,等. 2009. 紫坪铺大坝汶川地震震害分析及高土石坝抗震减灾研究设想. 水力发电,

（05）：11-14

周扬. 2012. 汶川地震紫坪铺面板堆石坝震害分析及面板抗震对策研究. 大连：大连理工大学博士学位论文

朱俊高，刘忠，翁厚洋，等. 2012. 试样尺寸对粗粒土强度及变形试验影响研究. 四川大学学报：工程科学版，
　44（6）：92-96

邹德高，孔宪京，徐斌. 2003. Geotechnical Dynamic Nonlinear Analysis——GEODYNA 使用说明. 大连：大连
　理工大学土木水利学院工程抗震研究所

Hofbeck J A，Ibrahim I Q，Mattock A H. 1969. Shear Transfer in Reinforced Concrete. ACI Journal，（2），119-
　128

Indraratna B，Wijewardena L S S，Balasubramaniam A S. 1993. Large-scale triaxial testing of greywacke rock-
　fill. Geotechnique，43（1），37-51

Jensen B C. 1975. Lines of discontinuity for displacement s in the theory of plasticity of plain and reinforced
　concrete. Magazine of Concrete Research，（92），143-150

Mattock A H. 1981. Cyclic shear transfer and type of interface. Journal of the Structural Division，ASCE，
　107（10）：1945-1964

Morgenstern N R，Price V. 1965. The analysis of the stability of general slip surface. Geotechnique，15（1）：
　79-93

Newmark N M. 1965. Effects of earthquakes on dams and embankments. Geotechnique，15（2）：139-160

Zou D G，Zhou Y，Ling H I，et al. 2012. Dislocation of face-slabs of Zipingpu Concrete Face Rockfill Dam dur-
　ing Wenchuan Earthquake. Journal of Earthquake and Tsunami，6（2）：1-17

第5章　面板堆石坝地震破坏现象及其特征

5.1　面板堆石坝模型破坏性态及破坏机理

通过振动台模型试验,探明堆石坝的地震破坏性态和破坏机理,对堆石坝抗震设计以及验证抗震加固措施的有效性是非常重要的。本节根据大量的二维和三维模型坝破坏试验中观察到的现象,定性地描述面板堆石坝强震时可能发生的破坏形式及主要破坏特征,分析引起破坏的原因及影响因素,并着重对地震作用下面板堆石坝面板错台机理进行了详细分析。

5.1.1　强震时面板堆石坝的破坏性态

1. 面板堆石坝破坏的两个主要特征

首先用同一种填筑材料(图 2.21(a)中 D 材料,密度 1.59g/cm³)在振动台上堆筑了坝坡为 1∶1.4 的二维均质坝和石膏面板坝模型,从模型坝上观察比较这两种模型坝的破坏性态,并分析引起破坏的原因及影响因素。

在进行破坏试验时,振动台由计算机控制,固定某一激振频率,加速度幅值从零开始线性增加,即台面输入加速度时程为

$$A(t) = \frac{t}{450}\sin(2\pi f t)g \tag{5.1}$$

式中,t 为激振时间;f 为激振频率;g 为重力加速度。

1) 两种模型坝破坏现象

(1) 面板坝破坏过程描述(空库)。

① 加振 60s 内坝体无任何变化,在 65s 左右时,坝的下游坡靠近坝顶附近有小砾石轻微振动和移动现象,这时台面加速度大致在 0.14g,坝顶加速度约为 0.35g。上游面没有任何变化。

② 加振 85~100s 时,下游坡发生砾石大面积滑动和滚落,滑动区在加速度测点 A-1、A-6 附近(图 2.22),破坏形式为表层滑动;坝顶滑掉 3~4cm,面板悬露,顶端轻轻颤动,这时台面加速度在 0.21g 左右。

③ 继续加振,坝顶砾石滑落的同时,上部面板与堆石间的垫层料也有向下滑移的迹象,致使面板中部微微隆起,随着坝顶滑移的增加,面板的上部悬空部分颤动激烈。

　　④ 继续加振,在 180s 左右时,面板上部距顶端约 30cm 处出现近似横向裂缝,并随之断裂,这时台面加速度在 0.42g 左右;与此同时,垫层料也迅速向下滑动,致使面板中部隆起增大,并在距面板底部约 30cm 处产生第二条横向裂缝,试验结束。

　　面板坝模型在蓄水情况下的破坏过程与空库情况基本相似,只是在水位高于65cm(2/3 坝高)后,面板没有明显的隆起现象,图 5.1(a)、(b)是空库和满库情况下最终破坏形态。

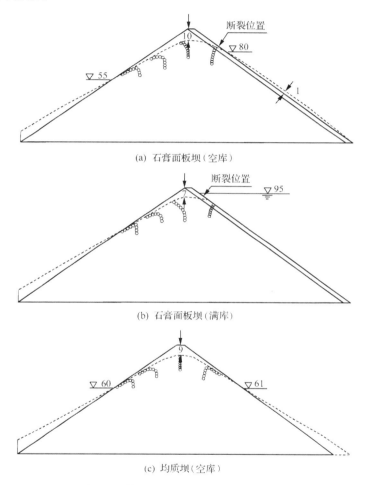

图 5.1　模型坝最终破坏形态(单位:cm)

　　(2) 均质堆石坝破坏过程描述。

　　① 加振 60s 内,坝体无任何变化,持续加振,在坝顶附近有部分砾石开始颤动并翻转滚落。这时台面加速度约为 0.12g,坝顶加速度为 0.35g 左右。

　　② 继续加振,坝顶两侧以坝轴线对称,砾石沿表层发生大面积滑动。这时台

面加速度为 0.17g 左右。随着台面加速度增加,坡面滑动范围不断地扩大,最后形成全坡面的滑动。

从上述模型坝破坏现象可以看到,无论均质坝还是面板坝,其初始破坏是完全相同的,即初始破坏都发生在坝顶附近,破坏形式都是坡面的颗粒松动并沿平面或近乎平面滑动,然后坡面颗粒滑动的范围和数量逐渐扩大,同时坝顶不断坍陷,没有形成特定的滑裂面。所不同的是,均质坝(空库)为坝顶两侧对称地滑动,Baba 和 Nagai(1987)的研究表明,心墙堆石坝在满库时,初始破坏发生在上游接近坝顶附近,同样也是颗粒的坡面滑动,而面板坝却仅发生在下游面。

2) 坡面滑动

如上所述,面板堆石坝的破坏首先是下游坡接近坝顶附近的坡面滑动。因此,坡面滑动的临界加速度对面板堆石坝的稳定十分重要。干坡条件下,按平面滑动假定,坡面临界加速度可表示为(河上房义,1974)

$$a = \tan(\phi - \theta)g \tag{5.2}$$

式中,ϕ、θ 分别为内摩擦角和坡角;g 为重力加速度。

由式(5.2)计算,模型坝 $\theta = 35.5°$,根据经验取静内摩擦角为 $40°$,相应的临界加速度 $a = 0.114g$,而实测的模型坝坡面滑动部位加速度反应却远大于上述值。当坡面出现个别颗粒初始滑动时,坝顶附近加速度约为 $0.35g$(11 个模型坝平均值)。若按式(5.2)反算,ϕ 应为 $55°$ 方可与试验吻合。可见,目前堆石坝坡稳定计算用式(5.2)估计坡面临界加速度时,ϕ 的取值至关重要,通常取静内摩擦角,其结果是偏于保守的。

初始滑动后,随着振动台输入加速度幅值增加,坡面颗粒滑动的数量和范围不断地扩大,表 5.1 列出了模型坝下游坡面发生大面积滑动时加速度反应实测值。此处将大面积滑动定义为:测点 A-6(图 2.22)以上坡面颗粒均发生滑动。图 5.2 为发生大面积滑动时,模型坝 75cm 以上各测点的加速度波形。由图可以看出,在坡面发生大面积滑动时,测点 A-1 和 A-6 加速度波形已经失真,上游面板下垫层内测点 A-5 和中线测点 A-2 波形还基本完好,这表明坝体破坏主要发生在下游面表层,而上游坝坡由于有面板的整体约束,其稳定性较好。

表 5.1 模型坝加速度实测值

模型编号	激振频率/Hz	水位/cm	坡面大面积滑动时测点 A-1 加速度/g	面板发生断裂时测点 A-5 加速度/g
1	20	9	0.481/0.204	0.536/0.393
2	20	0	0.372/0.166	0.527/0.418
3	20	0	0.417/0.210	0.567/0.410
4	20	65	0.385/0.190	0.571/0.301

模型编号	激振频率/Hz	水位/cm	坡面大面积滑动时 测点 A-1 加速度/g	面板发生断裂时 测点 A-5 加速度/g
5	20	75	0.428/0.168	0.599/0.294
6	20	85	0.432/0.183	0.543/0.264
7	20	85	0.389/0.173	0.515/0.274
8	20	95	0.424/0.014	0.588/0.295
9	40	45	0.465/0.145	0.600/0.254
10	10	0	0.456/0.291	0.648/0.355
11	10	0	0.427/0.271	—

注：表中"/"下的数字为相应的振动台输入加速度。

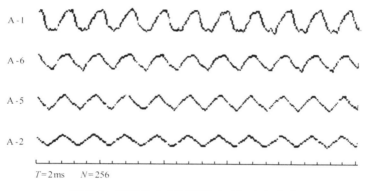

A-1

A-6

A-5

A-2

$T=2\text{ms}$　　$N=256$

图 5.2　坡面发生大面积滑动时加速度波形

　　表 5.1 的结果尽管有些离散，但大致可看出规律。用 20Hz 频率激振，坡面发生大面积滑动时滑动部位加速度反应(坝顶)大体差别不大，平均值为 0.42g，水位对其影响不明显。激振频率不同(模型 9～11)，坡面滑动部位加速度反应却相差无几。这表明坡面颗粒滑动主要取决于滑动部位加速度幅值，即取决于颗粒所受惯性力的大小，而与激振频率无明显相关性。

　　3) 面板断裂位置及原因分析

　　试验观察发现，随着下游坡面表层不断剥落和坝顶土体逐渐滑坍，面板顶部失去土体支托而处于悬空状态，面板上部在剧烈的颤动中突然发生横向裂缝，随即断裂。

　　图 5.3 是三种不同高程水位情况下面板断裂分布。由图可见，无论空库还是蓄水，第一条裂缝都发生在面板上部。面板断裂时刻(第一条裂缝)加速度实测值(测点 A-5)列于表 5.1。从实测结果来看，面板断裂部位加速度(测点 A-5)幅值大约为 0.55g(20Hz 激振时平均值)。假定把悬空的面板视为"悬臂板"，则可认为"悬臂板"底部在振动中所受的运动是相同的。因为面板布置在斜面上，所以水位

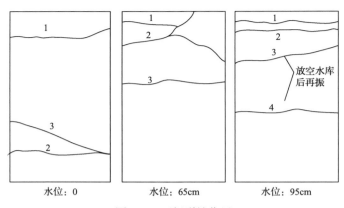

图5.3　面板裂缝位置

图中数字表示裂缝出现顺序

高低在某种意义上意味着"悬臂板"底端约束条件不同。换言之,水库蓄水位越高,则可认为"悬臂板"底部约束作用就越强,因此在相同的惯性力作用下(底端加速度相同),"悬臂板"底部的应力就越大。从实测面板发生断裂时的应力(图5.4)可以看出,由于在剧烈振动中坝体发生不均匀沉陷、垫层细料向坝壳内渗透等,面板实测应力值离散很大且规律性不是很明显。但从图中结果可以看出,在面板上部最先发生断裂时,S-1测点(图2.22)的应力一般都比其他测点应力大得多,其值在130～300kPa。因此,在强烈振动情况下,坝体的变形、不均匀沉降等将会导致面板变形过大,产生较大拉应力;但坝顶土体向下游滑移、坍塌使面板失去支托造成的危害更应受到关注。

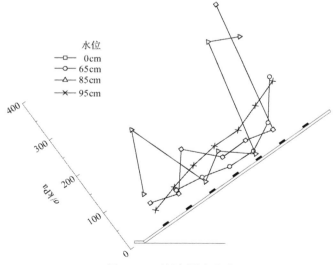

图5.4　面板各测点应力

　　不同蓄水位下破坏试验测得的坝顶滑塌深度、面板断裂位置与水位的关系列于表 5.2。从表中大致可以看到这样一个趋势,第一条裂缝均发生在面板上部,并且随着水位升高,面板发生断裂的位置上移。试验还发现,面板产生初始断裂后,继续加振,垫层和上游坝壳颗粒在振动过程中产生的下滑力使面板向外鼓胀;蓄水时,库水压力在一定程度上抑制面板外胀。因此,在垫层和上游坝壳颗粒的下滑力与水压力双重作用下,面板上部裂缝较容易产生。空库时,由于没有水压力作用,面板可自由地向外鼓胀,裂缝发生位置偏下(图 5.3)。

表 5.2　坝顶滑落深度、面板断裂位置与水位的关系

测定量	水位/cm				
	0	65	75	85	95
滑落深度 d/cm	11.6	10.8	7.0	8.5	3.25
断裂位置 h/cm	27.6	35.5	11.5	13.75	8.7

　　上述试验结果和分析表明,面板坝在地震时,由于坝体结构对地震波的放大效应,所以坝体上部加速度往往很大,坝顶附近下游坡面土体将最先失去平衡而产生滑动;坝顶土体随之松动、滑坍,从而使坝顶区土体对面板的支托作用减弱。与此同时,上游坝壳、垫层料的下滑力驱使面板中部隆起,尤其在空库或水位较低时,面板的变形呈外凸型,裂缝首先在面板上部出现。

　　由此可见,强震时面板坝的破坏有两个主要特征:第一,坝体的初始破坏表现为坡面的表层滑动,其位置发生在下游坡接近坝顶附近;第二,在动荷载作用下,面板断裂发生在面板上部,坝顶土体的破坏(滑移、松动、坍塌)是引起面板断裂的重要原因。

　　2. 模型材料对试验结果的影响

　　为探讨模型材料和模型制作方法对模型坝破坏性态的影响,又进行了如下三个二维模型坝的破坏试验(坝高均为 1m,坡比均为 1:1.4)。

　　模型 12:填筑材料 A(图 2.21(a)中曲线 A),采用石膏面板;

　　模型 13:填筑材料 B(图 2.21(a)中曲线 B),采用石膏面板;

　　模型 14:填筑材料 A(图 2.21(a)中曲线 A),直接在垫层上抹面板,使面板与垫层黏合在一起,面板材料为砂浆。

　　试验观察到,三者中无论哪个模型坝,其初始变异状态都是下游坡接近坝顶附近颗粒表层滑动;随着颗粒滑动数量和范围的逐渐扩大,坝顶不断地滑坍,同时伴有沉降,面板顶部由于坝顶滑坍失去支托而剧烈振动,面板中部微微隆起,最后在面板上部出现第一条裂缝,并随之断裂。除了沉陷较为明显,其余破坏过程与 D 材料堆筑的模型坝试验所观察到的现象几乎一样。

　　图 5.5 和图 5.6 是模型 12 的试验结果。其中,图 5.5 的面板断裂加速度是指肉眼观察到出现第一条裂缝时坝体内加速度分布。由于坝顶和下游坡土体已经滑动,所测加速度明显失真,所以图中未标出。图 5.6 中应变片测点位置如图 2.22所示(下同)。模型 13 和模型 14 的试验结果如图 5.7～图 5.9 所示。

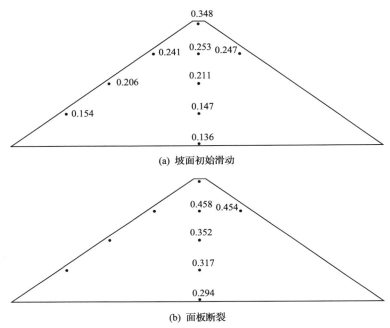

(a) 坡面初始滑动

(b) 面板断裂

图 5.5　模型 12 加速度分布(A 材料)

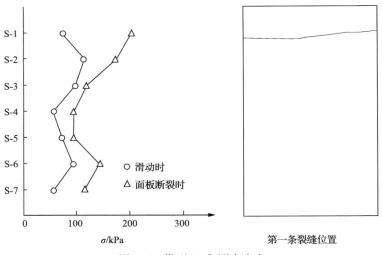

图 5.6　模型 12 各测点应力

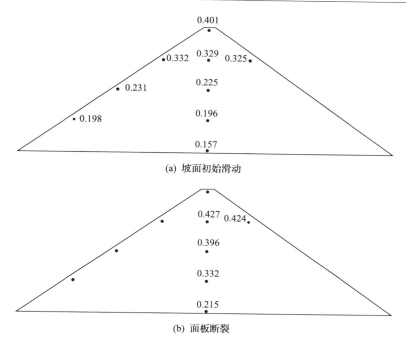

(a) 坡面初始滑动

(b) 面板断裂

图 5.7　模型 13 加速度分布（B 材料）

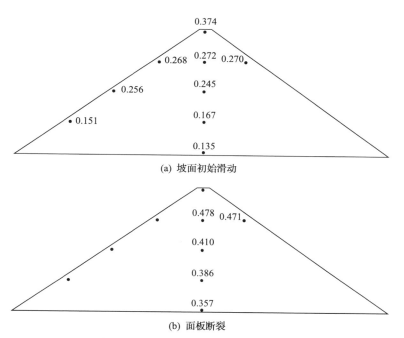

(a) 坡面初始滑动

(b) 面板断裂

图 5.8　模型 14 加速度分布（A 材料）

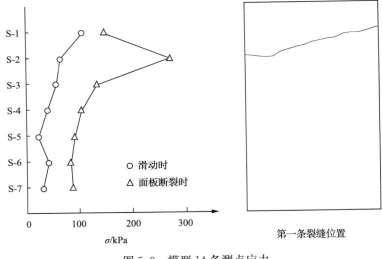

图 5.9　模型 14 各测点应力

由上述结果可以看出以下几点。

第一,尽管模型坝筑坝材料(颗粒大小与级配)和制作方法不同,但模型坝破坏过程与前述试验中观察到的现象相似。

第二,比较模型 12 和模型 13 可见,同样的台面输入加速度过程,粒径大的模型坝(模型 13)坡面初始滑动滞后,但面板发生断裂似乎有些超前。滞后主要是大粒径(B 材料)的坡面临界加速度较大的缘故;超前则是因为 B 材料堆筑的模型坝孔隙比稍大,在振动过程中除了坝顶土体向下游滑坍,沉陷还加速了面板的悬露和断裂。

第三,两种方法制作的模型坝(模型 12、模型 14)的试验结果总体上来看是基本一致的,坡面初始滑动加速度相同,但从面板断裂时加速度分布来看,模型 14 的台面加速度比模型 12 偏大。

第四,两种材料、不同方法制作的面板应力分布规律总体上大致相似,面板上中部较大,且裂缝(断裂)位置也都出现在上部。

总之,选用不同的材料(散粒料)填筑模型坝,或采用砂浆直接抹在上游面模拟面板,所测得的破坏加速度有所不同,但其破坏性态没有本质差别。

3. 不同工况下三维模型破坏试验比较

三维模型按天生桥坝河谷岸坡地形模拟,包括整个坝体和部分库区。模型坝填筑料如图 2.21(b)中曲线 F 所示,因模型较小,对垫层未进行专门模拟。由于石膏面板的加工成形尤其是吊装等有一定困难,所以采用了砂浆面板。

同二维模型试验一样,采用正弦增幅波激振(频率为 25Hz),对面板分缝和不分缝、满库和空库等情况进行试验比较。典型的五个模型坝实测的破坏加速度列于表 5.3。

表 5.3　模型坝破坏加速度

模型编号	下游坡出现颗粒滑动时的加速度/g		面板发生裂缝时的加速度/g		面板分缝与蓄水情况	激振方式
	振动台	测点 3	振动台	测点 15		
15	0.116	0.210	0.394	0.714	无缝面板、空库	
16	0.118	0.211	0.358	0.630	无缝面板、满库	
17	0.102	0.218	0.260	0.484	有缝面板、空库	正弦波 25Hz
18	0.099	0.217	0.238	0.494	有缝面板、满库	
19	0.087	0.210	0.184*	0.407*	薄膜面板、满库	

* 坝顶滑至与水位平齐时加速度实测值。

1）面板分缝与不分缝试验结果比较

（1）面板不分缝情况。

空库和满库时模型坝破坏过程大体相同，即当振动台加速度增加到 0.116g～0.118g 后，河谷上方坝顶下游坡附近出现颗粒滑动，坝顶处加速度反应为 0.21g～0.211g；随振动加剧，颗粒滑动的数量和范围扩大，范围扩大的特点是向两岸延伸比向下游延伸要快，向右岸比向左岸延伸稍快；继续加振，坝顶滑坍，面板悬露并颤动；当坝顶滑去 6～7cm 时，振动台输入加速度已达 0.358g～0.394g，河谷上方面板上部首先产生裂缝，并很快向左右两侧发展。图 5.10 和图 5.11 是模型坝最终破坏形态。

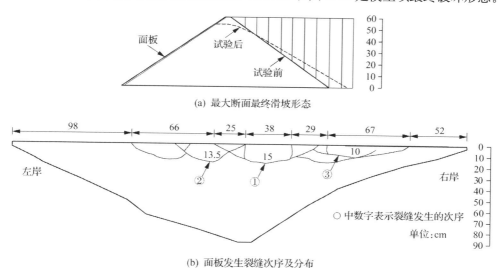

(a) 最大断面最终滑坡形态

(b) 面板发生裂缝次序及分布

图 5.10　模型 15(空库)最终破坏形态

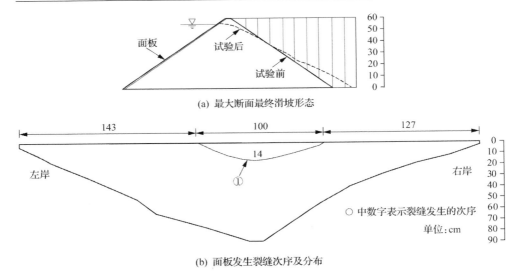

(a) 最大断面最终滑坡形态

(b) 面板发生裂缝次序及分布

图 5.11　模型 16(满库)最终破坏形态

（2）面板垂直分缝情况。

空库时，当振动台加速度增至 0.102g 时，河谷上方坝顶附近下游坡面颗粒开始向下滑动，此时坝顶加速度为 0.218g，随着振动台加速度增加，颗粒滑动范围向两侧延伸，与面板不分缝时一样，向右岸延伸的速度较快；继续加振，坝顶开始滑坍，面板悬露并微微颤动；当振动台加速度增至 0.26g 时，坝顶滑坍 5～6cm，此时坝中心断面的两块面板首先断裂，并迅速向两侧扩展，当振动台加速度达 0.35g 左右时，完好的面板已剩不多，试验结束。

满库破坏过程与空库时大体相同，只是面板最初断裂时振动台加速度幅值比空库略小，约为 0.238g，当振动台加速度增至 0.298g 时，面板已断了 10 块，为了防止库水从顶溢出，将库水放至 45cm，然后继续试验，试验结束时振动台加速度为 0.357g。

试验结果如图 5.12 和图 5.13 所示，图中面板顶端数字为面板断裂长度，单位为 cm。

由上述试验结果可以得出以下几点结论。

第一，面板分缝后，坡面初始滑动和面板初始裂缝相应的台面输入加速度都有所降低，其中在面板初始裂缝时尤为显著。不难理解，分缝后面板的整体刚度和强度都随之降低，因此，分缝后的面板容易断裂。

第二，水位对坡面初始滑动和面板初始裂缝的影响不明显。总体上看，蓄水后，坡面初始滑动和面板初始裂缝相应的台面加速度略低，这意味着蓄水后模型坝易于破坏。

第三，无论面板是否分垂直缝、空库或满库，模型坝破坏过程（包括初始破坏形

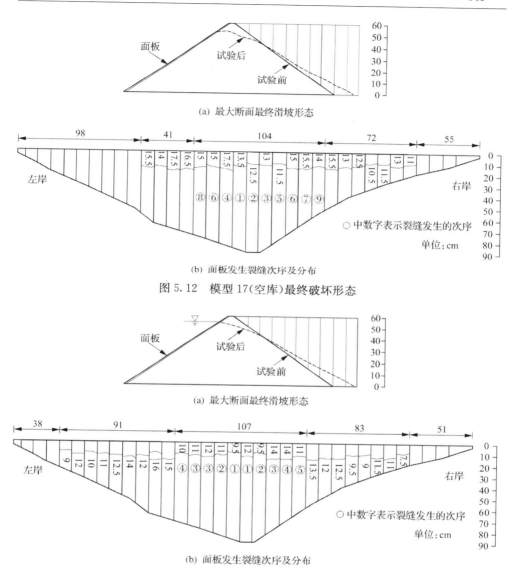

(a) 最大断面最终滑坡形态

(b) 面板发生裂缝次序及分布

图 5.12　模型 17(空库)最终破坏形态

(a) 最大断面最终滑坡形态

(b) 面板发生裂缝次序及分布

图 5.13　模型 18(满库)最终破坏形态

式及发生部位,面板初始裂缝出现位置等)都大体相同,且与二维模型试验中观察到的现象一致。

2) 薄膜面模型坝破坏现象

模型 19(水位 56cm)是用塑料薄膜模拟的"面板",它只起挡水作用,本身不承受荷载,是一种几乎没有重量和弹性模量的柔性材料,模拟了面板的极端情况。

破坏试验表明,模型坝初始破坏仍是坡面颗粒滑动,其发生位置也相同,初始滑动时相应的台面加速度为 0.087g,比模型 15～18 都低,当振动台加速度增至 0.184g 时,河谷上方坝顶颗粒已经滑至水位附近,上游坡面仍无明显变化。由此可见,面板坝由于库水压力作用,上游坡面具有足够的稳定性。

5.1.2　典型面板堆石坝三维振动台试验

1. 试验概况

试验在日本东京大学千叶实验所液压伺服式二维地震模拟台上进行。振动台台面尺寸 3m×3m,最大载荷 7t,满载时,水平向最大加速度为 2.0g,竖向最大加速度为 1.5g。振动台配有完整的测量和数据分析系统。

模型坝坝高 60cm,坝顶长 230cm,坝体采用石灰岩碎石(最大粒径 13mm),面板采用砂浆直接抹在上游坡面上,砂浆面板与坝体堆石间有一过渡层,最大粒径 5mm,厚 3～4cm。面板厚度 0.4cm,垂直分缝间距 10cm。模型坝制作方法参照 2.1.5 节的介绍。模型制成后 60h 开机进行试验。干燥后的面板密度为 2.1g/cm³,弹性模量 1.5GPa,抗拉强度约为 110kPa。模型填筑在空心钢筋混凝土砂箱内,两岸边坡 1∶1.5。砂箱用螺栓固定在振动台上。

在坝体的中央断面选 8 个加速度反应观测点,其中坝内 5 个,坝面附近 3 个,如图 5.14(a)所示。图中 AH 表示水平加速度计(压阻式),AV 为垂直加速度计。由于该次试验不仅是测定面板应力的变化,同时还要观测坝坡潜在破坏区,所以坝内埋置条状彩色砾石柱,以便试验结束后确认滑裂面位置。图 5.14(b)是面板上电阻应变片的布置情况。

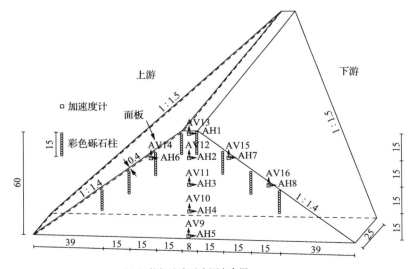

(a) 坝体加速度反应测点布置

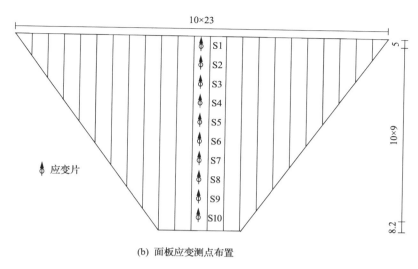

(b) 面板应变测点布置

图 5.14　三维模型试验测点布置(单位:cm)

振动台由计算机控制,按图 5.15 的方式输入地震波,水平向与垂直向的加速度幅值按一定的比例,且加速度幅值以 8.5Gal/s 的速率增加,当面板上出现第一条裂缝后,由计算机键盘输入信号,于是振动台将以等幅振动 10 周后按 85Gal/s 的速率停机,该试验振动台的振动频率固定在 10Hz。

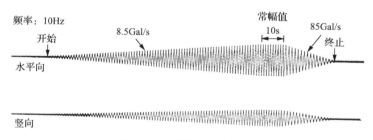

图 5.15　振动台输入波形

使用的主要测试振仪器有东京测器生产的瞬态自动调平动态应变仪和 64 通道自动数字化地震记录仪以及两套摄像设备。

表 5.4 是该次试验八个模型的基本情况。表中相位指水平和垂直加速度输入相位,即当水平加速度指向下游、垂直加速度向上时取为 0°(同相位),而水平加速度指向下游、垂直加速度向下时取为 180°(反相位)。

2. 两个典型模型坝破坏形态比较及仿真分析

为确定定性的概念和量化的基准,首先比较均质坝和面板坝的破坏过程,这两个坝均为水平单向激振。

表 5.4　模型试验一览表

试验编号	坝顶宽/cm	上游坝坡	下游坝坡	加振方式	相位/(°)
1～5	8	1 : 1.4	1 : 1.4	水平	—
6、7	8	1 : 1.4	1 : 1.4	水平、垂直	0
8、9	8	1 : 1.4	1 : 1.4	水平、垂直	180
10、11	15	1 : 1.4	1 : 1.4	水平	—
12、13	8	1 : 1.4	1 : 1.8	水平	—
14、15	8	1 : 1.4	1 : 1.4	水平、垂直	180
16*	8	1 : 1.4	1 : 1.4	水平	—
17～19	8	1 : 1.4	1 : 1.4	水平	—

＊ 均质坝(无面板情况)。

均质坝:随振动台加速度增大,在坝轴线中央断面 3/4 坝高以上的两侧坝坡上首先出现碎石颗粒滚动、滑落并逐渐扩展形成大面积的表层滑动,滑动范围也向左右两岸方向以及坝面下方扩展。

面板坝:基本现象与均质坝相同,即下游坝坡从碎石颗粒的滚动发展到大面积的表层滑动,而上游坝面的面板没有任何明显反应。

图 5.16 是坝内各测点的加速度波形,图 5.17 是振动停止后两个坝的破坏形态,由此可见,在相同的填筑材料、坝体几何尺寸和输入地震动情况下,均质坝破坏严重,而面板坝破坏轻微,这也充分说明面板具有提高坝面稳定和增强坝体整体性的作用。

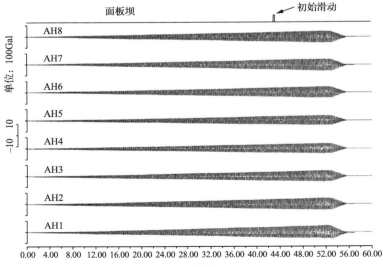

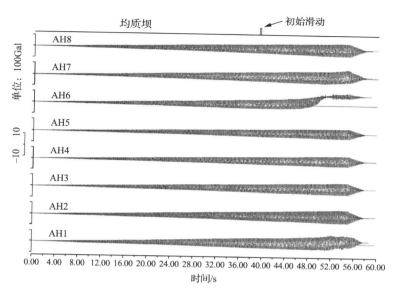

图 5.16　坝内各测点加速度波形

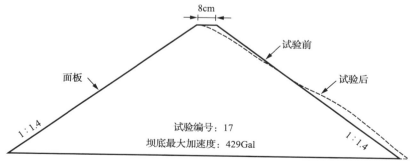

图 5.17　中央断面破坏形态

　　图 5.18 是上述两个坝加速度幅值的比较,图中实线和虚线分别表示面板坝和均质坝的加速度沿坝高的分布,符号"△"表示靠近上游坝坡的测点(图 5.14(a)中 AH6),符号"□"表示靠近下游坝坡的测点(图 5.14(a)中 AH7)。从图 5.18 可知,无论面板坝还是均质坝,在坝面发生初始滑动之前,坝顶加速度略有放大,当坝面发生滑动后,坝顶加速度放大倍数增大。总体上看,均质坝的加速度反应比面板坝大,也就是说,面板对坝体加速度反应有抑制作用。这一点从同一高程的上、下游坝坡附近的测点 AH6 和 AH7 的加速度实测值也可以看出,即 AH7 的加速度值(图中符号"□")总是大于 AH6 的值(图中符号"△")。

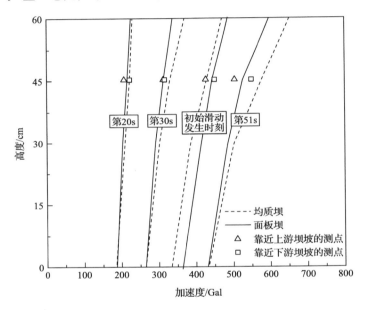

图 5.18　加速度沿坝高的分布

3. 面板断裂形态及面板应力分布特性

1) 面板断裂形态

　　该次试验再一次证实:在动荷载作用下,面板最初断裂都发生在面板上部,坝顶土体破坏(松动、滑移、滑坍等)是引起面板应力突然增大、导致断裂的重要原因。图 5.19～图 5.21 是三个仅承受水平方向振动的面板坝最终的破坏形态,其中图 5.19(a)是坝体中央断面的坝面破坏情况,图 5.19(b)是面断裂形态。这三个坝中,图 5.19 是标准断面的试验结果,即两边坡均为 1：1.4,坝顶宽 8cm;图 5.20 是坝顶加宽到 15cm,其余与标准断面相同;而图 5.21 是下游边坡改为 1：1.8,其余的与标准断面相同。

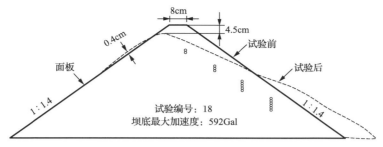

(a) 中央断面最终破坏形态

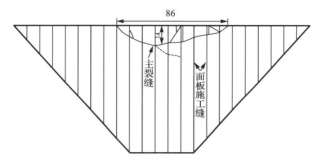

(b) 面板裂缝分布(单位: cm)

图 5.19　标准断面模型试验

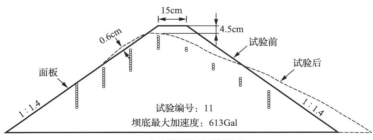

(a) 中央断面最终破坏形态

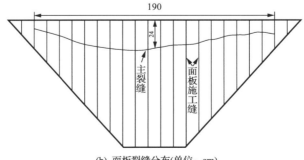

(b) 面板裂缝分布(单位: cm)

图 5.20　坝顶加宽模型试验

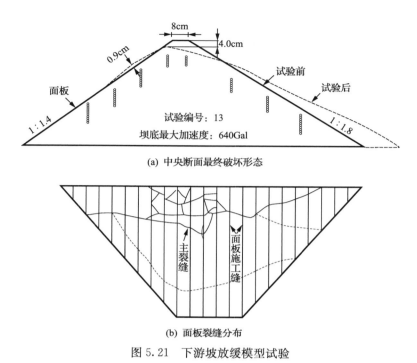

图 5.21　下游坡放缓模型试验

　　从这三个坝的破坏情况可以得出以下几点结论。

　　(1) 面板断裂时振动台加速度幅值分别是 592Gal、613Gal、640Gal。由此说明,加宽坝顶或放缓下游边坡,对提高面板抗裂性能、增强面板稳定性都是有益的。

　　(2) 坝顶滑落深度分别为 4.5cm、4.5cm、4.0cm,这一结果表明,面板断裂与坝顶区土体的稳定关系密切,坝顶滑落到一定程度,面板将失去坝顶区土体的支托而导致面板断裂。

　　(3) 面板上部向上游侧鼓出量分别为 0.4cm、0.6cm、0.9cm。这说明上游坝料(垫层料)在振动过程中产生的下滑力使面板向外鼓胀现象不仅与振动持续时间有关,而且主要与下游坝坡有关。

　　(4) 从面板断裂情况来看,初始断裂位置在面板的上部,裂缝基本是平行于坝轴线的。当下游坝坡放缓后,坝面稳定性随之提高,从而导致坝体向上游侧变形增大,使面板上多条裂缝同时产生,但裂缝位置仍然集中在面板上部。试验结束后,仔细检查坝面也发现了两条压型裂缝(图 5.21 中虚线)。

　　需要指出的是,无论是坝顶加宽的模型坝还是下游坡放缓的模型坝,当振动台加速度增大到 590Gal(标准坝的破坏加速度)时,这两个坝都没有出现裂缝,面板是稳定的。由此说明,加宽坝顶和放缓下游边坡对提高面板坝抗震性能是非常有效的。

2) 面板应力时程

图 5.22 是一典型面板坝破坏过程中面板上各测点应变时程,图中编号及测点位置参见图 5.14(b)。图 5.23 是该坝在下游坝坡发生初始滑动时的坝内加速度与面板应变波形比较。由图可以看出,随着振动台加速度增加,面板的应变幅不仅随之增大,而且绝大多数测点的应变逐渐偏离零线(应变为零的基准线);面板上部的测点 1～3 出现正偏离,下部测点 8～10 出现负偏离,而中部测点 4～7 开始是负偏离而后又出现正偏离。这一事实表明,在面板坝破坏过程中,面板不仅承受动荷载引起的动应力,而且将承受坝体残余变形引起的"静"应力(或附加应力)。从图 5.22 中还可看到,面板断裂时,测点 5～10 范围内面板呈受压状态,这是由坝体下部沉降变形引起的,而测点 4 以上部分的面板则呈受拉状态,尤其是测点 3 附近,拉应力最大,这正是面板断裂的位置(图 5.20(b))。此外,由图 5.23 中加速度与应变的符号可知,动应变正负与加速度的方向有关,即加速度向下游方向时,面板呈拉伸状态,而加速度向上游方向时面板呈受压状态。

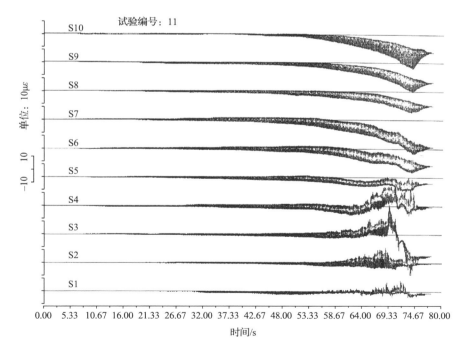

图 5.22　面板上各测点应变时程

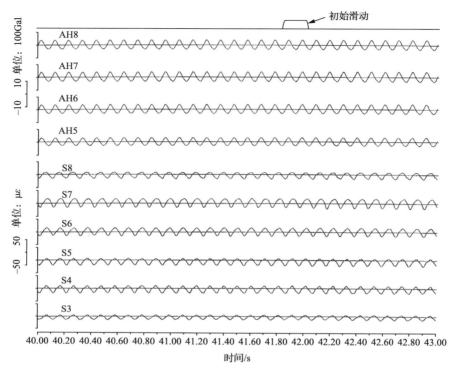

图 5.23 下游坝坡初始滑动时坝内加速度与面板应变波形

3) 面板动、"静"应力分布

图 5.24 和图 5.25 分别是下游坝面出现表层滑动和面板出现断裂时面板动应变分布,图中绘出三个模型坝的试验结果。通过比较可以发现,在下游坝面出现表层滑动时面板的上部动应变并不大,而下部动应变较大,最大值发生在 1/3 坝高处,其量级仅 20με。面板断裂时,上部动应变增大,在 3/4～4/5 坝高处动应变幅约为 60με。若不考虑坝体永久变形引起面板的"静"应变,那么面板不至于发生断裂,也就是说,由往复地震惯性力直接引起的面板动应力不一定导致面板断裂。

图 5.26 给出面板发生断裂时测得的面板"静"应变,由此可以看出,面板上部产生的是"静"拉应变,下部为"静"压应变。从量级上看,面板上由坝体永久变形引起的"静"应变并不低于动应变。显然,"静"、动应变叠加后,面板拉应变幅值超过了 100με,这是面板材料强度承受不了的。

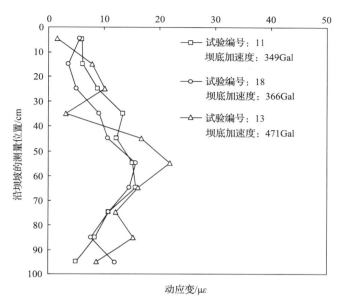

图 5.24　下游坝坡表层滑动时面板动应变幅沿坝高分布

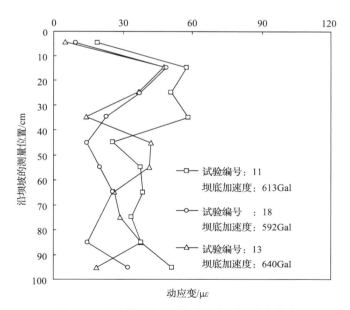

图 5.25　面板断裂时面板动应变幅沿坝高分布

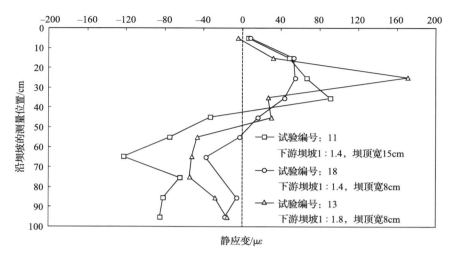

图 5.26　面板断裂时面板"静"应变沿坝高分布

4. 竖向地震对面板破坏性态的影响

1) 破坏加速度

试验表明,水平向和竖向同时激振和水平单向激振时的破坏过程类似,坝体破坏的最初形式是下游坡靠近坝顶附近的颗粒滑动,之后逐渐发展成下游坡面的表层滑动,坝顶土体滑落后最终导致面板的断裂。不同的是破坏加速度的大小有所差异。水平向与竖向输入相位相同的情况下,下游坝面发生表层滑动时的水平向与竖向振动台加速度分别为 275Gal 和 170Gal。当水平与竖向输入相位相反时,分别为 345Gal 和 185Gal。将这一结果与水平单向激振的情况(表层滑动时的振动台台面加速度约为 350Gal)比较可以发现,水平向与竖向同时激振且输入相位相同时的破坏加速度比水平单向激振时低 65%～70%,而水平向与竖向同时激振但输入相位相反时的破坏加速度与水平单向激振时差不多。由此可见,当水平加速度方向指向下游且竖向加速度向上时,对坝面稳定是极为不利的。图 5.27 和图 5.28 分别是水平单向激振和水平向与竖向同时激振情况下下游坝面发生表层滑动时加速度沿坝高的分布。从分布形式看几乎没有什么差别,无论水平单向还是水平向与竖向同时激振(同相位或反相位),水平向的加速度放大倍数均为 1.3～1.35,而竖向为 1.1～1.15。

2) 激振方向与面板应力

下游坝面发生表层滑动时坝内加速度与面板应变时程曲线分别如图 5.29 和图 5.30 所示。图 5.29 中细线代表水平方向加速度,粗线代表竖向加速度。图 5.30 的面板应变时程与图 5.29 的加速度时程是完全同时刻的。比较加速度与应变的波形可以看出,面板受压或受拉与竖向加速度无关,而主要取决于水平向加速度的方向。当水平向加速度为正(指向下游),面板处于受压状态(应变为负),反之面板受拉。与前述方法相同,将动应变与"静"应变分离,给出不同时刻面板上各测点应变沿坝高的分布。图 5.31 是动应变,图 5.32 是"静"应变。

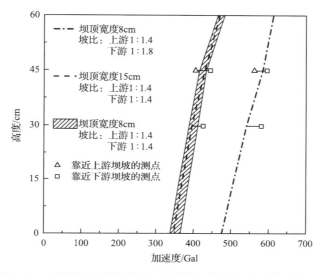

图 5.27　下游坡表层滑动时加速度沿坝高分布(水平单向激振)

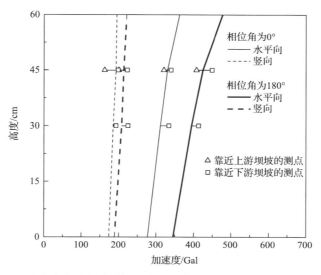

图 5.28　下游坡表层滑动时加速度沿坝高分布(水平向与竖向同时激振)

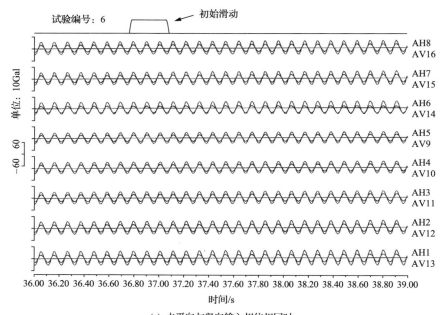

(a) 水平向与竖向输入相位相同时

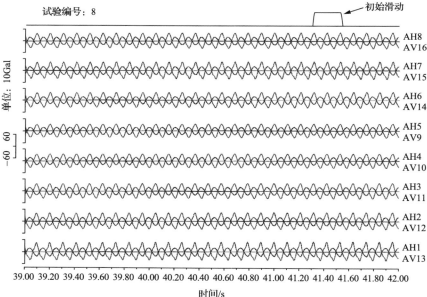

(b) 水平向与竖向输入相位相反时

图 5.29　下游坡表层滑动时坝内测点加速度时程

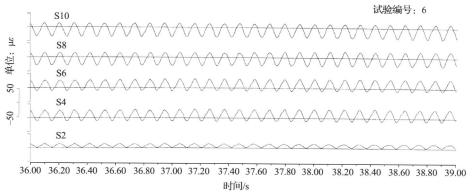

(a) 水平向与竖向输入相位相同时

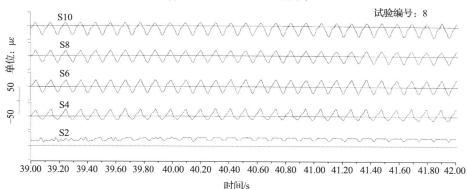

(b) 水平向与竖向输入相位相反时

图 5.30　下游坡表层滑动时面板测点应变时程

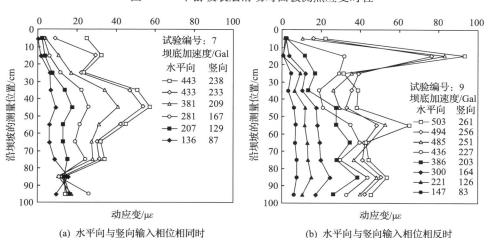

(a) 水平向与竖向输入相位相同时　　　　　　(b) 水平向与竖向输入相位相反时

图 5.31　面板各测点动应变幅沿坝高变化

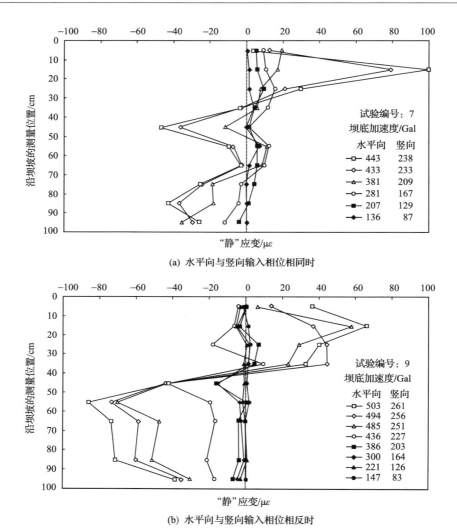

(a) 水平向与竖向输入相位相同时

(b) 水平向与竖向输入相位相反时

图 5.32　面板各测点"静"应变沿坝高变化

　　从这些试验结果可知,水平向与竖向同时激振且输入相位相反时,面板动应变与"静"应变的分布形式和水平单向激振时大体相似。当振动台输入加速度较小时,面板动应变是上部小、中下部大。随着振动加速度增大,坝体的永久变形使面板上部呈受拉状态,下部呈受压状态,并导致面板上部动应变增大,致使面板断裂。但是,对于水平向与竖向同时激振且输入相位相同的情况,面板动应变和"静"应变的分布形式都与上述结果不同。从图 5.31 中可以看出,面板动应变是中部较大,即使是面板断裂时面板上部的应变也未出现突然增大的现象。面板的"静"应变在加速度较小时,除面板底部外几乎都处于轻微拉伸状态,当振动台加速度增大时,坝体的永久变形增加,面板上部"静"拉应变突然增大,导致面板断裂。很显然,尽管面板动应变在面板的中部较大,但"静"应变在该处呈受压状态,因此,面板的断裂仍发生在面板的上部。

　3)最终破坏形态

　　试验测得同相位激振情况下面板发生断裂时的破坏加速度为:水平向500Gal,竖向270Gal;反相位激振情况下面板断裂时的破坏加速度为:水平向550Gal,竖向300Gal。图 5.33 是试验结束时坝面破坏形态,图 5.34 是面板裂缝分布情况。由此可见,水平向和竖向同相位激振情况下的坝面破坏状态与水平单向激振时类似,水平向和竖向反相位激振情况下的坝面破坏状态与下游坝坡放缓(下游坡比 1:1.8)的水平单向激振情况差不多。这是因为反相位激振时,下游坝坡不易滑动,坡面屈服加速度提高,从坝顶附近滑落的颗粒在 3/4 坝高处的下游坡面堆积,从而阻止了颗粒的继续滑动。另外,从面板裂缝分布看,同相位激振时面板裂缝分布同水平单向激振时类似。反相位激振时,当振动台水平向加速度接近550Gal 时面板发生断裂(同相位激振时面板断裂加速度为 500Gal),从分布形式上看稍复杂些,但仍集中在面板的上部。

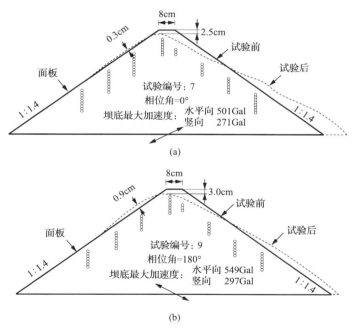

图 5.33　中央断面最终破坏形态

　　根据上述八个模型坝的试验结果与分析,可以得出以下主要结论。

　　(1)在相同的坝体几何尺寸、填筑材料和地震动输入条件下,面板坝的抗震能

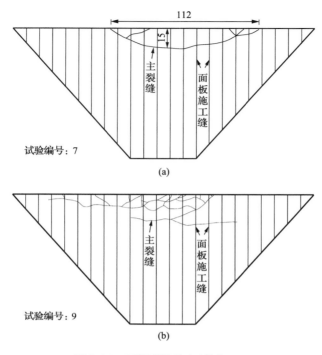

图 5.34　面板裂缝分布(单位:cm)

力要强于均质坝。这主要是因为面板加强了坝面的稳定和坝体的整体性,从而对坝体地震反应有一定的抑制作用。

(2) 在动荷载作用下面板最初的断裂位置发生在坝体中央断面面板的上部(坝高 3/4～4/5 附近),裂缝基本呈平行坝轴线分布,即使考虑竖向地震动输入,仍有同样的结论。

(3) 面板断裂的主要原因是坝顶部土体在地震中丧失稳定,从而使坝体产生较大的永久变形,即坝体上部土体向上游侧鼓出,下部土体沉降变形,致使面板发生弯曲,具体表现为上部受拉、下部受压,最终导致面板上部断裂。

(4) 从实测的面板应力来看,当地震动强度较小时(坝体未产生永久变形),面板上主要是地震惯性力直接作用引起的动应力;当地震动强度增大时,坝体会产生较大的永久变形,从而使面板随之变形并产生"静"应力(附加应力)。从两者的大小和分布来看,"静"应力实际上比动应力大,且在 3/4 坝高处"静"应力有拐点,拐点之上为拉应力,拐点之下为压应力。因此,从面板抗震的角度应该对面板上部采取有效的工程措施。

(5) 竖向地震动对面板坝破坏性态(破坏过程、破坏形式以及破坏位置)没有多大影响,面板坝的破坏主要取决于水平向地震动的大小。尽管坝体的水平向加速度反应不会因输入竖向地震动而有较大的改变(孔宪京等,1990),但试验结果表明,当水平与竖向同时激振且相位相同时,面板坝的下游坝坡稳定将处于不利情况。这也意味着在面板坝边坡稳定校核时,必须同时考虑向上的竖向地震惯性力的影响。

（6）面板最初的破坏形式是下游坝坡靠近坝顶附近的表层颗粒滑动,通过减缓坝坡、加宽坝顶可以有效加强坝顶区土体的稳定,加强面板坝抗震性能。

5.1.3　面板错台

紫坪铺大坝是目前唯一经历过超设计标准地震考验的坝高超过 150m 的混凝土面板堆石坝,探究其面板错台机理对深入认识强震区面板坝抗震性能具有非常重要的意义。陈生水等(2008)根据坝体震陷的监测数据认为,二期和三期面板施工缝发生错台主要是由于大坝堆石体的地震永久变形使面板受到向下的摩擦力作用,导致面板在施工缝这一结构相对薄弱部位发生错台。孔宪京等(2009)根据地震反应分析以及以往模型试验的结果认为,地震作用引起坝体永久变形产生的面板附加应力和地震惯性力引起的面板动应力联合作用导致了面板分期施工缝错台及三期面板脱空的现象,但对于坝体永久变形产生的面板附加应力尚未进行详细分析。

振动台模型试验为定性解释这一现象提供了一种可行的手段,也成为研究面板堆石坝破坏机理、预测地震变形和破坏及检验数值计算方法的重要手段。本节结合紫坪铺大坝在汶川地震中实际震害,采用振动台模型试验,对地震作用下面板错台机理进行详细分析。

1. 模型试验概况

1）模型尺寸及模型材料

考虑模型箱的尺寸和试验场地条件,模型坝坝高取为 1.4 m,上下游边坡均为 1:1.4,坝顶宽为 0.08m。面板厚度为 6～8mm,底部设置趾板,如图 5.35 所示。

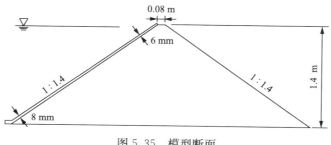

图 5.35　模型断面

模型坝堆筑料依据某面板坝的堆石料级配进行选配,经相关力学性质试验,使选配的模型堆筑料的主要力学指标在合理范围内。

　　根据以往模型试验粒径的选取经验以及进行模型堆石材料三轴试验设备的尺寸,选取最大粒径为 20mm。针对两种级配堆石料(图 5.36)进行了基本物理量的测试,结果表明级配曲线 2 所代表的堆石料可以达到较高的填筑密度,并且具有低黏聚力的特点,这也尽量满足了重力相似的要求。因此选择第二种级配作为模型试验的堆石材料。根据选定的几何比尺和密度比尺再确定模型的其他相似比尺。

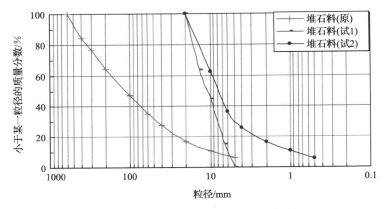

图 5.36　原型以及选取试样级配曲线

　　试验中,堆石密度为 $1.85g/cm^3$,面板的密度取为 $2.2g/cm^3$。根据仿真混凝土材料(朱彤等,2004)的特性,研制了由石膏粉、重晶粉、标准砂、矿石粉和水按一定比例混合而成的仿真面板材料。该材料基本满足面板材料所需强度和刚度的相似要求,且具有施工简单和早强的特性,有利于缩短试验时间,提高效率。按照相似关系换算和实际材料的面板材料参数列入表 5.5 中。虽然根据相似关系换算的结果与实际模型材料结果有所差别,但差别不大。

表 5.5　面板材料参数

参数	密度/(g/cm³)	抗拉强度/kPa	弹性模量/ MPa	极限拉应变/με
相似关系换算	2.20	12.3	123.0	—
实际模型材料	2.22	14.5	130.8	134.7

　　2) 模型制作和试验方法

　　为保证坝体填筑密度,在模型箱内分层填筑,每层层高约为 10cm,并经过振捣达到指定密度。坝体填筑完成后,在堆石体上游侧用垫层模拟料进行垫平和压实处理,最后涂抹面板。鉴于面板材料具有早凝特性,需快速施工完成。制作完成的模型如图 5.37 所示。

　　试验中采用多种先进测试技术来监测坝体的动力响应、坝体的变形及面板的开裂。包括高速摄影、颗粒图像速度识别技术、分布式光纤光栅应变传感器及压电

图 5.37　制作完成的模型

式加速度传感器等,其中,加速度传感器布置如图 5.38 所示。

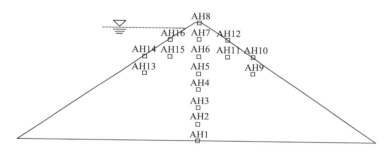

图 5.38　加速度传感器布置

　　输入地震波采用频率为 10Hz 的正弦增幅波,60s 时达到峰值加速度 1.0g。振动台台面监测到的输出过程如图 5.39 所示。该次试验主要研究空库和满库两个工况,以对比分析面板错台的机理及其影响因素。

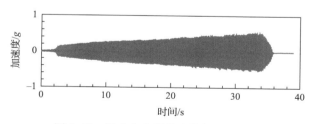

图 5.39　振动台台面输出的加速度时程

2. 结果分析

1) 空库时面板错台现象

　　空库时,面板和坝体的最终变形如图 5.40 所示,与以往模型试验结果一致。采用 PIV 技术进行图像处理得到的面板变形过程如图 5.41 所示,从图中可以明显观测到面板"外凸"现象,并最终在 0.3 倍坝高处面板出现错台,如图 5.42 所示。

图 5.40　空库时面板和坝体最终变形

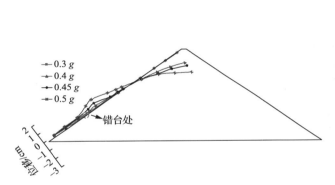

图 5.41　面板变形过程

变形放大 15 倍

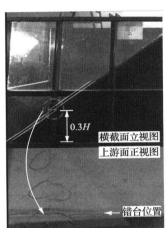

图 5.42　面板错台

输入加速度:0.50g

2) 面板错台过程

面板错台过程是与上游侧坝坡变形发展过程相关的,如图 5.43 所示。图中矢量线为 PIV 分析结果,矢量线长度和方向分别代表各点当前时刻位置与振动前位置的差,即总位移的大小和方向。台面输入为 0.45g 时,上游堆石体已开始沉降并向上游外侧鼓胀,面板呈现"外凸"的现象,如图 5.41 和图 5.43(a)所示。随着振动的增强,上游侧堆石体继续沉降并向外鼓胀,"外凸"现象加剧。加速度输入为 0.50g 时,面板已经出现错台(图 5.43(b))。之后,面板错台量进一步增大,当输入加速度达到 0.55g 时,面板完全分离(图 5.43(c)),随后错台处上方面板底部出现脱空(图 5.43(d)),上方面板沿下方面板向下滑落。从图 5.43(a)~(c)可以清楚地看到面板错台过程与上游侧堆石体位移及滑裂面形成过程的相关性。图 5.43(a)中面板附近的堆石颗粒位移明显大于稍远处的颗粒位移,但滑裂面还没有形成;从图 5.43(b)可以清晰地看到面板下面的堆石体已经出现了潜在滑裂面。

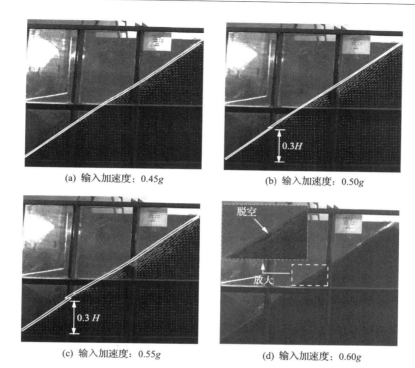

(a) 输入加速度: 0.45g   (b) 输入加速度: 0.50g

(c) 输入加速度: 0.55g   (d) 输入加速度: 0.60g

图 5.43　面板错台过程

3）面板错台机理

面板发生错台时,坝体中轴线处加速度响应沿坝高分布如图 5.44 所示。由于坝顶区颗粒松动,滑移较大,传感器 AH8（图 5.38）已失真,所以未画出其加速度响应。由图 5.44 可见,坝体加速度响应在 1/2 坝高以上明显放大。光纤传感器监测到面板共出现 4 条主要裂缝,按出现次序依次标记为 $1^\#$、$2^\#$、$3^\#$ 和 $4^\#$ 裂缝,如图 5.45 所示。图 5.46 为 $1^\#$ 裂缝处的光纤传感器监测结果。图中显示,当输入加速度达到 0.41g 时,面板应变达到材料的极限应变（134.7με）,面板裂缝出现。该次试验再次证明,地震时坝体上部加速度反应较大,且下游坝坡没有面板的约束,因此,坝顶部下游侧堆石体容易发生松动并伴有向下游的滑移和坍塌,导致面板失去支撑,加之面板地震惯性力联合作用,造成面板上部最先出现裂缝。值得注意的是,仔细观察这 4 条裂缝,发现只有

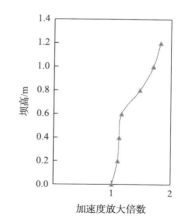

图 5.44　坝体中轴线处加速度响应
输入加速度:0.48g

$4^\#$裂缝发生了面板错台现象,从第1条到第4条裂缝出现时间间隔仅为4.2s。

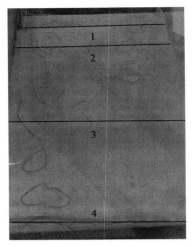

图 5.45　面板裂缝分布

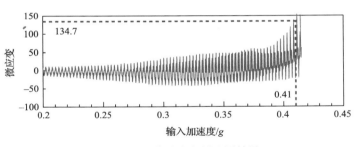

图 5.46　$1^\#$裂缝光纤监测结果

　　由此可见,地震时面板裂缝是面板破坏的主要特征之一,通常情况下面板水平裂缝从上部到下部依次发生。其主要原因为:①地震惯性力的直接作用;②堆石体变形。该次试验还揭示了一个现象,即面板裂缝并不一定伴有面板错台。也就是说,导致面板错台的一个重要原因是上游堆石滑移体变形对面板产生的摩擦和外推(鼓胀)作用,面板遭受的地震惯性力不应是面板错台的控制性因素。

　　在图 5.43(a)所代表时刻的滑移体中选取有代表性的 4 个截面(截面垂直于面板),分析此时所选取截面上测点的总位移大小和方向分布,如图 5.47 所示。其中各截面 $1^\#$ 点位于面板上,其他测点位于堆石体内。以 C 截面为例,3 个位移测点的总位移时程曲线如图 5.48 所示。由图 5.48 可见,面板错台之前,滑移体的位移始终大于面板位移,其他 3 个截面结果基本相同,表明堆石体与面板之间出现相对运动,堆石体滑移对面板产生向下的摩擦力。

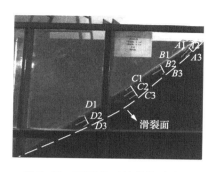

图 5.47　不同截面处总位移分布

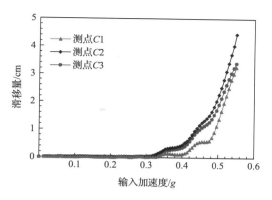

图 5.48　C 截面位移观测点总位移时程

由图 5.43 可见,上游侧堆石体滑移至面板错台处附近趋于停止,这将对面板产生向外的推力。堆石体的变形对面板的作用机理(摩擦力和向外推力)如图 5.49 所示。因此,面板错台的主要原因应是堆石体的永久变形使面板受到向下摩擦力与向外推力的联合作用。C2 测点(图 5.47)在振动过程中的增量位移时程曲线如图 5.50 所示。从图中可以看出,当输入加速度达到 0.48g 时,测点的增量位移出现突然加剧,表明错台处上方面板已经脱离下方面板并沿着下方面板加速向坡底滑动。因此可以认为,面板错台发生在台面输入加速度为 0.48g 的时刻。

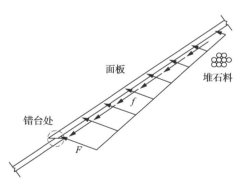

图 5.49　堆石体永久变形对面板作用
机理示意图

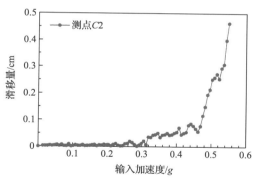

图 5.50　位移观测点 C2 增量位移时程

4) 空库与满库情况对比

图 5.51 和图 5.52 分别给出了满库工况的增量位移和总位移。虽然增量位移显示面板下方的堆石颗粒有向上游运动的趋势,但总位移均呈现向下游侧的运动,面板未发生错台现象,表明库水压力对上游堆石体变形有明显的抑制作用。

本节采用振动台模型试验对面板坝面板错台机理进行了详细分析,发现地震产生的坝体永久变形对面板所产生的向下的摩擦力和向外侧的推力是造成面板

图 5.51　满库情况时增量位移

输入加速度：0.48g

图 5.52　满库情况时总位移

输入加速度：0.48g

（接缝）错台的主要原因。同时，满库试验结果表明，库水压力能有效地抑制坝体上游堆石体的变形，对面板错台的发生有一定的抑制作用。

5.2　面板堆石坝模型破坏试验数值仿真分析

非连续变形分析（discontinuous deformation analysis，DDA）方法（Shi，1992）是近十年来发展起来的一种新的数值方法。DDA 方法具有完备的块体运动学理论及其数值实现、严格的平衡假定、正确的能量耗散过程和较高的计算效率。由于DDA 方法将刚体位移和块体变形采用统一的类似于有限元的格式求解，所以不仅允许块体自身有位移和变形，而且允许块体间有滑动、转动和张开等运动形式，能够模拟多块体系统的大位移和大变形。

基于上述方法，作者课题组在 Windows 平台上开发了一个功能比较完善、界面友好的非连续变形分析程序——DDAW（刘君，2001；孔宪京等，2003），包含了前、后处理模块和高效的方程求解器。本节采用 DDAW 对面板堆石坝振动台模型试验进行数值仿真分析，探讨面板坝的动力破坏过程及其破坏形态，为研究面板坝的抗震对策提供依据,为面板坝的抗震设计提供参考。

5.2.1 DDA 方法的基本原理及其改进

1. 块体的位移和变形

DDA 方法求解的是被不连续面切割而成的离散块体组成的块体系统。块体系统的大位移和大变形是由每一荷载步或时间步的增量位移累积而成的。在每一时间步内,块体的运动及变形由 6 个变形参数确定:

$$\{D_i\} = \{d_{1i}, d_{2i}, d_{3i}, d_{4i}, d_{5i}, d_{6i}\}^{\mathrm{T}} = \{u_0, v_0, r_0, \varepsilon_x, \varepsilon_y, \gamma_{xy}\}^{\mathrm{T}} \quad (5.3)$$

式中,(u_0, v_0) 为块体 i 内某点 (x_0, y_0) 沿 x、y 方向的刚体位移;r_0 为块体绕点 (x_0, y_0) 的转角;ε_x、ε_y 和 γ_{xy} 为块体的正应变和剪应变。

在完全一阶位移近似下,块体内任意一点的位移可由变形变量 $\{D_i\}$ 表示:

$$\begin{Bmatrix} u \\ v \end{Bmatrix} = [T_i]\{D_i\} \quad (5.4)$$

式中

$$[T_i] = \begin{bmatrix} 1 & 0 & -(y-y_0) & x-x_0 & 0 & \dfrac{y-y_0}{2} \\ 0 & 1 & x-x_0 & 0 & -(y-y_0) & \dfrac{x-x_0}{2} \end{bmatrix} \quad (5.5)$$

2. 接触关系识别

各个块体之间并不是孤立的,而是通过块体之间的相互接触发生联系。块体的运动不允许块体之间受拉伸和相互嵌入,无拉伸和无嵌入的直接数学描述是用组合的不等式给出的。求解总势能的最小值或不等式约束下的最小二乘法目标函数是一个非线性规划问题,具体实现起来非常困难。然而,仍有一些重要的物理因素可用来摆脱这一数值计算上的困难。当块体系统运动或变形时,块体只是沿块体边界接触,而不嵌入的不等式可通过施加刚度很大的弹簧锁住块体在一个或几个方向的运动而转换为两个块体接触时的等式,这些等式将加于总体平衡方程上。如果两个块体在它们之间产生拉接触力,在锁定弹簧撤离后它们将分开。因此,无拉伸和无嵌入约束可简化为施加或撤离弹簧。在选择锁定或约束位置时,必须反复求解总体平衡方程。用这种方法,只需次数不多的锁定位置的选择,即可修正系统中有拉伸和嵌入的块体。此外,采用这种方法,块体之间的接触力可准确计算得到。

为了计算块体系统各个接触面上连接弹簧储存的变形能,首先必须判断各个块体之间的接触关系,这是离散块体模型的一个重要步骤,也是区别于连续介质数值方法的一个显著特点。在 DDA 方法中,块体位置、块体形状和块体之间的接触随荷载步或时间步变化,所以必须知道在下一步所有可能接触的块体对。两个块体在下一步是否可能接触只看它们在当前步是否靠得很近。两个块体靠近的描述是通常数学方法规定的距离。如果两个块体不会发生接触,那么它们之间的最小距离应大于某一限值。

块体 i 与块体 j 之间的距离定义为块体 i 上的任意一点 $p_1(x_1, y_1, z_1)$ 和块体 j 上的任意一点 $p_2(x_2, y_2, z_2)$ 之间的最小距离 d_{ij}。用数学语言描述就是

$$d_{ij} = \min\left\{\begin{array}{l} \sqrt{(x_2-x_1)^2+(y_2-y_1)^2+(z_2-z_1)^2}, \\ \forall (x_1,y_1,z_1) \in B_i, \forall (x_2,y_2,z_2) \in B_j \end{array}\right\} \tag{5.6}$$

式中, B_i 和 B_j 分别表示块体 i 和块体 j 所有角点的集合。根据式(5.6)的距离定义,只有当 $d_{ij} \leqslant 0$ 时,块体 i 和块体 j 是接触或重叠的;而当 $d_{ij} \geqslant 0$ 时,块体之间是分离的。

由式(5.6)可见,如果距离 d_{ij} 大于所有块体内的点所允许的最大位移 δ 的两倍,即

$$d_{ij} > 2\delta$$
$$\delta = \max\{\sqrt{u(x,y,z)^2+v(x,y,z)^2+w(x,y,z)^2}, \\ \forall (x,y,z) \in B_r, r = 1,2,\cdots,n\} \tag{5.7}$$

那么在下一时步内,块体 i 和块体 j 不可能发生接触。

现在的问题就是要寻找一种接触识别算法,既能迅速计算出块体之间的最小距离,又能确定出接触点和接触类型。对于二维问题,石根华已给出了严格的块体运动学理论,对于具有简单形状的块体,如球体,接触识别是非常容易的。本节重点介绍不规则多面体之间的接触识别算法。

1) 接触识别算法

接触识别是离散介质力学分析方法必须解决的问题,高效而准确的接触关系识别是关键。接触识别过程可以分成两步,第一步是对块体间可能存在交叉或重叠的初步识别,第二步是相应的接触位置和接触关系的确定。很多已有的接触识别算法都是针对第一步提出来的。为了提高初步判断的效率,一种思路是把离散块体用一个空间的小盒子包起来,小盒子的形状多为长方体或球体,整个离散系统所在的几何空间被许多小盒子分割。这样可以先判断小盒子之间是否有重叠,如果有重叠或交叉,则进一步判断小盒子包含的离散块体之间是否接触以及如何接触;如果小盒子之间没有重叠或交叉则不再进行第二步判断。另一种思路是分格检索法,将计算空间分成若干个小盒子,确定每个块体占据的盒子,然后对每个块体循环,只对该块体占据盒子里的其他块体进行接触判断。随着时间步或荷载步的进行,经过一定步数,每个块体占据的盒子数及号码需要更新以适应块体新的位置。

　　接触识别算法的核心是针对第二步的判断,各种算法的不同和优劣主要通过第二个阶段的判断结果来衡量。目前主要有以下几种接触识别方法。

　　(1) 直接法,就是依次取出其中一个块体上的点、边、面与另一块体的点、边、面进行接触判断。这种方法最简单直观,但是计算工作量大,没有利用一个块体的点、边、面三类几何元素之间的联系。

　　(2) 侵入边法。如果把两个块体看作空间的点集,则两个块体接触时必有一个非空交集(非空点集)存在,这个非空交集称为侵入体。如果属于侵入体的边同时又是两块体的边的全部或一部分,就是侵入边。如果两个块体接触,则有非空点集存在,因此必有侵入边存在。特定的侵入边信息对应特定的接触类型,从而通过对侵入边信息的分析归类来判断块体接触类型,这便是侵入边法的思路。

　　(3) 接近面法。此方法认为,当两个块体靠近并发生接触时,总是有两个面优先靠近并形成接触,而最先接近的两个面便定义为块体的接近面。如果两个块体上两个面的外法向的数量积最小,则这两个面便是相近面。求得相近面后,在面上建立局部坐标系,然后求解相近面的重叠区域和相互之间的距离,最终根据求得的接触点数及点和边、面之间的几何关系确定接触类型和接触参考面。此方法适用于块体形状比较规则的块体接触分析,而对于块体形状很不规则的离散结构,当块体之间有嵌入或者块体间在尖角、棱边处有微妙的交错重叠的相对位置关系时,此方法会失去判断结果的可靠性。

　　(4) 角边修圆法。基本思路是在接触识别时将多面体的每个尖角修成圆球的一部分,将每条棱边修成圆柱的一部分,保证块体的角、边、面光滑过渡,并将四种基本接触类型分为四个优先级,从高到低依次为角-面接触、角-边接触、角-角接触、边-边接触,接触模型采用点接触模型。实际检索接触关系时按照优先次序从高到低检索,即首先检索所有角-面接触,然后检索角-边、角-角、边-边接触。在分级检索的过程中,已经将接触点作用的区域包含性测试同时完成,并不需要另外检测。此方法对尖角的修圆避免了直接判断的困难,对于实际岩石块体间的接触判断有其合理性和实用性,但这样的处理并不是对所有的问题都适用,尤其对于理想的角-角或者角-边接触的判断中,由于尖角处的细部几何形状对块体间的作用力及后续的块体运动方向都有影响,所以修圆的近似处理可能会导致对块体运动方向的判断出现偏差。

　　(5) 分等级判断法。此方法是为了分析车辆及薄壁结构的碰撞,最初是在有限元程序中实现的。这种算法将待分析的接触系统分解成四个等级,即接触体、接触面、接触片和接触点。然后,引入两个接触搜索过程,即预接触搜索和后接触搜索。为了提高搜索效率,为每个接触等级定义相应的范围。接触搜索主要通过判断接触点和接触片及另一个接触点的空间距离及相互位置来实现。

　　(6) 公共面法。公共面法(common plane,CP)最早是由 Cundall 提出并应用于三维离散单元法中的。公共面类似于一个用弹性线悬挂在两个块体之间的无厚度刚性薄板。当两个块体相互靠近时,该薄板将发生平移和旋转,最终以一定的角度置于两个块体之间,如图 5.53 所示,此薄板所在的平面即为公共面 CP。有了公共面,块体之间的接触关系就很容易得到了。由于公共面等分两块体之间的空间,如果两块体都与公共面接触,那么它们一定接触,并且由块体与公共面接触的角点数就可知道两块体之间的接触类型。由于只要分别计算两个块体的角点与公共面的接触情况即可,所以检查次数只是两个块体角点数的总和。确定了公共面,接触块体之间的法向力就沿着公共面的法线方向,而滑动方向将位于公共面内。现在的关键是如何准确而高效地确定出公共面。

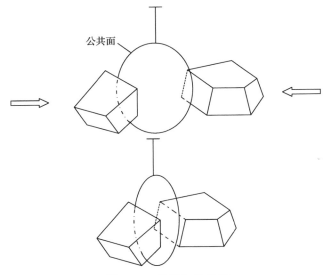

图 5.53　块体与公共面

2) 确定公共面

公共面的位置只取决于块体的几何形状和位置,它的算法可用一句话来描述:"使公共面与块体最近角点之间的间隙最大"或"使公共面与块体叠合最大的角点之间的叠合最小"。如图 5.54 所示,假设公共面的单位法线方向为 $\boldsymbol{n}(e_x, e_y, e_z)$,公共面上的一个基点坐标为 $V_c(x_c, y_c, z_c)$,那么块体 i 上最近的角点到公共面的距离为

$$d_i = \max_{k=1, n_i} \{\boldsymbol{n} \cdot (V_{ik} - V_c)\} \qquad (5.8)$$

块体 j 上最近的角点到公共面的距离为

$$d_j = \min_{k=1, n_j} \{\boldsymbol{n} \cdot (V_{jk} - V_c)\} \qquad (5.9)$$

式中,n_i、n_j 分别表示块体 i 和块体 j 上的角点数;V_{ik} 和 V_{jk} 分别表示块体 i 和块体

j 上第 k 个角点的坐标；$\{\cdot\}$ 表示两个向量的数量积。于是，块体 i 与块体 j 之间的最大间隙或最小叠合量为

$$d_{ij} = d_i - d_j \tag{5.10}$$

因此，公共面的确定就是寻找公共面上的一个基点 $V_c(x_c, y_c, z_c)$ 及法线方向 $\boldsymbol{n}(e_x, e_y, e_z)$，使式(5.10)有最小值。

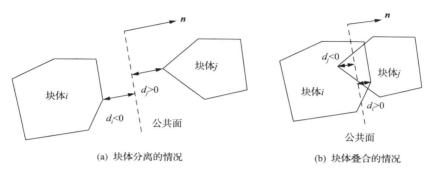

(a) 块体分离的情况　　　　　　　　　　(b) 块体叠合的情况

图 5.54　块体到公共面的距离

Cundall 给出了一个搜索公共面的迭代过程，基本过程如下。

（1）初始公共面的基点为两个块体形心连线的中点，法线方向由块体 i 的形心指向块体 j 的形心。

（2）由式(5.8)和式(5.9)分别计算 d_i 和 d_j，然后由式(5.10)计算 d_{ij}。如果 d_{ij} 小于 -2δ，则本时间步内两块体不会接触。否则将公共面基点移到离公共面最近的两个角点连线的中点，并在公共面内做两个正交的坐标轴。

（3）分别绕公共面内两个正交坐标轴扰动公共面，如果扰动后的公共面使式(5.10)的值减小，则更新公共面的法线方向，回到第二步。如果四个扰动方向都不能使 d_{ij} 减小，则将两个正交坐标轴在面内旋转 45° 后重新扰动；如果新的四个扰动方向也不能使 d_{ij} 减小，则缩小扰动角度，重新扰动；如果扰动角小于设定的最小扰动角(Cundall 建议取为 0.01°)，则迭代结束。

上述的公共面搜索过程非常耗时，且只能得到近似的公共面位置，并且经常陷入"鞍点"而得到错误的公共面。为了能准确而高效地确定公共面，Nezami 等提出了一个快速公共面识别算法(fast common plane，FCP)，并给出了数学证明。假设 A、B 分别为两块体距公共面最近的点，Nezami 认为公共面一定是下面四种类型中的一个。

（1）线段 AB 的垂直平分面；

（2）过线段 AB 中点，并且平行于块体 i 上包含角点 A 的一个外侧面或平行于块体 j 上包含角点 B 的一个外侧面；

（3）过线段 AB 中点，并且平行于块体 i 上包含角点 A 的一条边和块体 j 上

包含角点 B 的一条边。此时公共面的法向可以通过两向量的向量积求得；

（4）过线段 AB 中点，并且平行于块体 i 上包含角点 A 的一条边或者块体 j 上包含角点 B 的一条边。此时的公共面的法向可以通过如下方法求得。如图 5.55 所示，两个分离块体的公共面仅包含一条平行于某块体的某一条边的射线，假设为 Mm_1，且 Mm_1 与块体 j 上的 BB_1 边相互平行。此时公共面的法向向量 $\boldsymbol{n}$ 可以通过下式求得：

$$\boldsymbol{n} = \pm \boldsymbol{n}_{BB_1} \times (\boldsymbol{n}_{BB_1} \times \boldsymbol{n}_{AB}) \tag{5.11}$$

式中，$\boldsymbol{n}_{BB_1}$ 和 $\boldsymbol{n}_{AB}$ 分别是向量 $\boldsymbol{BB_1}$ 和向量 $\boldsymbol{AB}$ 的单位向量。

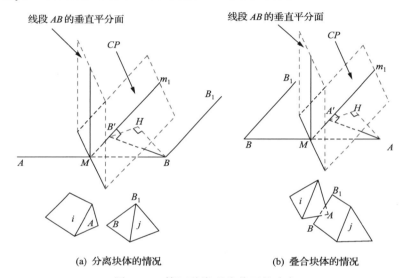

(a) 分离块体的情况　　　　　　　(b) 叠合块体的情况

图 5.55　第四种类型公共面的确定

Nezami 等的证明是针对两个还没有接触的块体进行的，对于已经发生接触的块体，先要根据前一步的公共面法线方向，将两个块体暂时分开，然后再根据 FCP 算法确定公共面，得到新的公共面之后再将块体移回到原来的位置。这样会带来两个问题，一是初始时刻块体之间就是接触的，如节理岩体系统，没有初始的公共面可以用来将块体分离；二是移动块体之后得到的公共面并非真正的公共面，而是一个近似。作者课题组认真研究了 Nezami 等的算法，通过类似的证明过程证明了对于已经发生嵌入的块体，Nezami 等提出的四种类型仍然适用。但对于刚刚接触的块体，也就是 $d_{ij} = 0$ 的情况，此时无法确定图 5.55(a) 所示情况下的公共面。这时可以将点 A 和点 B 向各自块体的形心移动一个微小的距离，然后用移动后的两点来确定垂直平分面。对于其他类型仍然可以照旧。FCP 算法也需要迭代，但迭代是有根据的，不会像原来的扰动法那样陷入"鞍点"，并且 FCP 算法的迭代只需要 1～2 次就够了。FCP 算法的流程如图 5.56 所示。

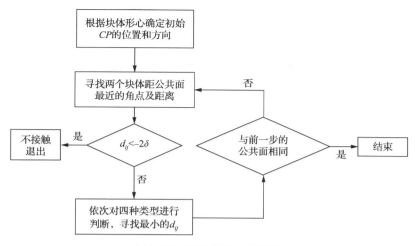

图 5.56　FCP 算法的流程图

公共面法不能直接应用于凹块体的接触判断,对于凹块体的接触判断则要对凹块体进行一些处理才能应用公共面法来进行判断。凹块体可以看成若干个凸块体的集合(图 5.57),因此,可以将凹块体分成几个子块体,然后再用公共面法进行接触判断。这里讲的划分只是在形式上将凹块体分成若干子块体,对子块体进行接触判断和接触传递,在总体平衡方程的形成过程中仍将它们看作一个块体。由于程序开发采用 Visual C++ 语言编程,所以在数据结构组织上将非常简单。定义一个子块体类 CSubBlock,用来进行接触判断和接触传递(几何操作);再由 CSubBlock 派生一个块体类 CBlock,用来进行各项子矩阵的形成和计算结果的处理(物理操作)。块体类中只需包含这个块体是由哪几个子块体组成的信息就可以了。

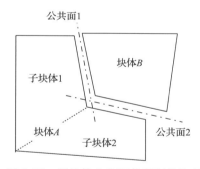

图 5.57　凹块体公共面的识别的处理

3. 系统方程的建立与开-合迭代

块体之间的相互约束构成块体系统。假定系统由 n 个块体组成,则系统的总体方程具有以下形式:

$$\begin{bmatrix} \boldsymbol{K}_{11} & \boldsymbol{K}_{12} & \cdots & \boldsymbol{K}_{1n} \\ \boldsymbol{K}_{21} & \boldsymbol{K}_{22} & \cdots & \boldsymbol{K}_{2n} \\ \vdots & \vdots & & \vdots \\ \boldsymbol{K}_{n1} & \boldsymbol{K}_{n2} & \cdots & \boldsymbol{K}_{nn} \end{bmatrix} \begin{bmatrix} \boldsymbol{D}_1 \\ \boldsymbol{D}_2 \\ \vdots \\ \boldsymbol{D}_n \end{bmatrix} = \begin{bmatrix} \boldsymbol{F}_1 \\ \boldsymbol{F}_2 \\ \vdots \\ \boldsymbol{F}_n \end{bmatrix} \tag{5.12}$$

式中,矩阵元素 K_{ij} 由块体 i 和块体 j 之间的接触关系确定,每个 K_{ij} 为 6×6 子矩阵; F_i 为 6×1 列阵,代表块体 i 所受的荷载; D_i 为 6×1 列阵,代表块体 i 的位移。式(5.12)可以写成更简洁的形式: $KD = F$,其中, K 是 $6n \times 6n$ 的刚度矩阵, D 和 F 分别为 $6n \times 1$ 的位移和荷载矩阵。

系统总体方程(5.12)由总势能 Π 的最小化求得。总势能是所有势能的总和,包括:①应变能 Π_e 生成弹性刚度子矩阵;②初应力产生的势能 Π_σ 生成初应力子矩阵;③点荷载产生的势能 Π_p 生成点荷载子矩阵;④体积荷载产生的势能 Π_v 生成体积荷载子矩阵;⑤惯性势能 Π_i 生成质量矩阵;⑥接触弹簧(法向和切向罚弹簧)产生的势能 Π_c 生成接触子矩阵。

通过总势能的最小化,块体矩阵由式(5.13)确定:

$$\left.\begin{array}{r} \dfrac{\partial^2 \Pi}{\partial d_{ir} \partial d_{js}}, \quad \text{其中 } r, s = 1, 2, \cdots, 6 \\[3mm] F_i = \left. \dfrac{\partial \Pi}{\partial d_{ir}} \right|_{\langle D_i \rangle = 0} \end{array}\right\} \tag{5.13}$$

式中, d_{ir} 和 d_{js} 分别是块体 i 和块体 j 的变形变量。

求出方程(5.12)的解后,由式(5.4)可以计算出块体变形后的位移和块体之间的接触状态。由无拉伸、无嵌入条件和库仑摩擦定律,在相应接触位置施加或去掉罚弹簧,修正总体方程。对修正后的总体方程再进行求解,直到所有接触界面满足无拉伸和无嵌入接触条件,完成当前步的开-合迭代,进入下一时间步计算。

4. 能量损失

在最初的 DDA 方法中,没有考虑由于块体之间的相互碰撞产生的能量损失。这意味着 DDA 方法完全遵守能量守恒。但实际上,颗粒间的摩擦及块体内微裂纹的产生等会导致部分能量的损失。因此,系统的部分能量会转换成其他形式的能量,如热能等。Pei(1996)在这方面进行了较详细的研究。

如果块体系统的运动遵守能量的守恒,那么系统的总能量 E 等于动能 E_k ,即

$$E = E_k \tag{5.14}$$

在碰撞过程中,动能 E_k 的一部分转换成应变能 E_s ,另一部分转换成热能 E_t ,那么

$$E = E_s + E_t \tag{5.15}$$

碰撞之后,应变能 E_s 转换成新的动能 E_{ks} 。因此,系统的总能量 E 可以写成

$$E = E_{ks} + E_t \tag{5.16}$$

很明显,碰撞之后系统的动能 E_{ks} 将小于碰撞之前的动能 E_k 。如果损失的能量 $E_t = KE_k (K < 1)$,那么,式(5.16)可以写成

$$E_{ks} = (1 - K)E_k = K_k E_k \tag{5.17}$$

由于惯性力与动能成正比,所以,考虑能量损失后,惯性力可以写成

$$\begin{Bmatrix} f_x \\ f_y \end{Bmatrix} = K_k M \left\{ \dfrac{\partial^2 u(t)}{\partial t^2} \quad \dfrac{\partial^2 v(t)}{\partial t^2} \right\}^{\mathrm{T}} \tag{5.18}$$

式中，M 为材料密度。相应的惯性子矩阵为

$$\left[K_{ii}\right] = \frac{2MK_k}{\Delta t}\iint \pmb{T}^{\mathrm{T}}\pmb{T}\mathrm{d}x\mathrm{d}y \tag{5.19}$$

5. 方法改进及程序开发（刘君，2001）

DDA 吸引了越来越多的岩土工程师，他们在 DDA 方法的改进和实际应用方面做出很多贡献。随着更广泛的应用，如何更加方便快捷地建立 DDA 模型和直观有效地处理 DDA 的计算分析结果成了人们非常关心的问题；块体的刚体旋转对块体的面积、速度和应变速率计算造成的误差必须得以修正；在用 DDA 方法进行动力分析时，特别是在进行地震反应分析时，块体系统的阻尼和由于块体之间相互碰撞造成的能量损失必须加以考虑；在将 DDA 应用于散粒体介质分析时，对于椭圆形颗粒的接触判断通常要解高次方程，这是很费时的，采用更加有效的接触判断方法也是亟须解决的问题。

根据上述问题，作者课题组以 Windows 为平台，采用 MFC（microsoft foundation class library）编程，开发了一套较为完整的应用软件——DDAW。它包含了 DDA 的基本功能和上述的改进措施，共包括四个功能模块：前处理程序、DDA 和耦合法计算程序、散粒体分析程序及后处理程序。各功能模块的数据自动进行转换，并且所有的操作都是所见即所得的。

作为工具，DDAW 使对 DDA 和计算机不很熟练的用户也可以采用 DDA 来分析大型、复杂的实际工程。DDAW 的主界面如图 5.58 所示。

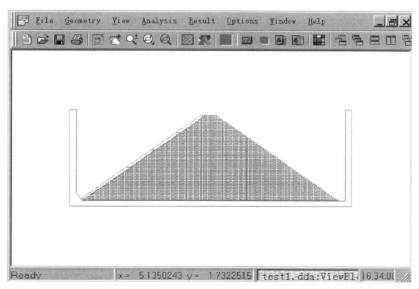

图 5.58　DDAW 主界面

1）前、后处理程序

填写 DDA 的输入数据文件是一项十分复杂和艰辛的工作，非常耗时，尤其是建立复杂模型时，其工作量更是大得惊人。为了方便建立 DDA 模型，在 DDAW 中开发了前处理程序。

在前处理程序中，用户只需在对话框中输入一些基本的几何数据，如边界点、计算域、隧洞和节理的数据，程序会按区域自动生成节理线和块体。不同的计算域可以取不同的节理数据，进而可分区域生成块体。固定点、观测点和荷载点可以从对话框中输入，也可以在屏幕上直接拾取。块体和节理的物理参数可以从对话框中输入，也可以直接填写数据文件。对于水压力等线性分布式荷载，DDAW 程序中也给出了方便的处理。前处理界面如图 5.59 所示。

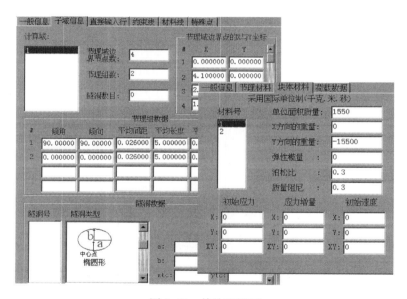

图 5.59　前处理界面

此外，输入数据的所有信息会以图形方式立刻显示在窗口中，图形可以任意放大、缩小和移动，从而可以详细地查看输入信息。

DDA 的计算结果包含大量的信息，其数据量是巨大的，没有图形和曲线的直观表现，分析 DDA 的计算结果几乎是不可能的。为了方便有效地分析 DDA 的计算结果，在 DDAW 中开发了后处理程序。它提供了图形和文本两种方式来分析计算结果，可以查看任意时刻的系统变形图，可以给出任意块体的位移、应力、应变和速度的时间曲线。后处理界面如图 5.60 所示。

2）刚体旋转造成的误差修正

当块体发生旋转时，DDA 中块体的面积会发生"自由扩大"。这是由 DDA 采

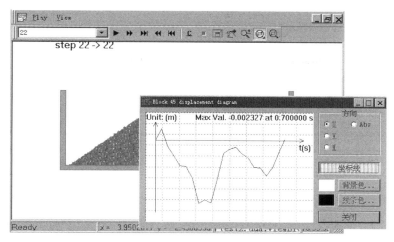

图 5.60　后处理界面

用的位移插值函数造成的。甚至非常小的位移比，在时间步积累下，由于旋转而增大的块体面积也是不容忽视的。在每一时步结束后要对块体的节点坐标进行更新，同时也要更新块体的初始应力场和速度场，但是，一旦块体的节点坐标更新后，块体的应力场和速度场的更新将是参照新的局部坐标系进行的。由于块体的旋转，块体的局部坐标系与全局坐标系会有一个夹角，如果不对这些张量进行由于局部坐标系的旋转而造成的误差修正，将会造成应力场和速度场的累积误差。DDAW 程序对由于刚体旋转造成的位移场、应力场和速度场的误差进行了修正。

3）散粒体介质模拟

自从 Cundall 和 Strack 将离散单元法（DEM）用于散粒体介质分析以来，散粒体介质的一些宏观和微观性质得以模拟。DEM 是一种显式求解的数值方法，它采用在时间域内的中心差分法来求解动力平衡方程。

DDA 是一种隐式方法，较 DEM 有许多优点。1992 年，Lin 首先发展了二维圆盘单元，Ke 则给出了详细的推导过程和总体平衡方程中各项的计算表达。但他们采用的都是圆盘形单元。DDAW 程序除了包含圆盘形单元，还增加了椭圆形单元。用户只需给出单元的半径、长轴和短轴之比、长轴倾角、分布规律（如平均分布、高斯分布等）及单元个数等信息，DDAW 程序将自动生成所需的颗粒。

DDAW 程序采用四个圆弧（《数学手册》编写组，1979）来表示椭圆，使椭圆单元之间的接触判断将像圆形单元的接触判断一样简单，节省大量计时。

椭圆的接触形式如图 5.61 所示，设 n、n_1 为两椭圆的长轴方向；A、B 为圆弧圆心，R_1、r_1、R_2、r_2 为圆弧半径；α、α_1 为端部圆弧圆心角的一半，β、β_1 为 $\overline{AB}$ 与 n、n_1 的夹角。椭圆形单元之间的接触分为四种情况：

（1）$\beta > \alpha$ 并且 $\beta_1 < \alpha_1$，如果 $|\overline{AB}| < R_1 + R_2$，两边圆弧接触；

（2）$\beta > \alpha$ 并且 $\beta_1 < \alpha_1$，如果 $|\overline{AB}| < R_1 + r_2$，椭圆 1 的边圆弧与椭圆 2 的端圆弧接触；

（3）$\beta < \alpha$ 并且 $\beta_1 > \alpha_1$，如果 $|\overline{AB}| < r_1 + R_2$，椭圆 2 的边圆弧与椭圆 1 的端圆弧接触；

（4）$\beta < \alpha$ 并且 $\beta_1 < \alpha_1$，如果 $|\overline{AB}| < r_1 + r_2$，椭圆 1 的端圆弧与椭圆 2 的端圆弧接触。

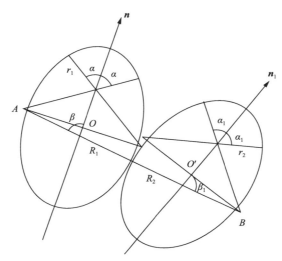

图 5.61　椭圆的接触判断形式

图 5.62 和图 5.63 给出了 DDAW 程序生成的具有四种粒径的圆形和椭圆形的颗粒图。

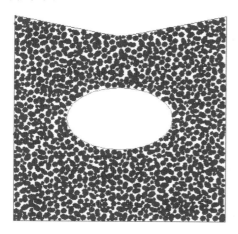

图 5.62　具有 4 种粒径的颗粒图

图 5.63　局部放大图

4）方程求解器——PCG 和 SSOR-PCG

由于 DDA 要进行开-合迭代，这意味着要不断地修改平衡方程，然后重新求解，方程求解占用了绝大部分计算时间。所以采用恰当的方程求解器是 DDA 计算效率的关键。最初 DDA 采用了直接解法和逐步超松弛（successive over relaxation，SOR）迭代法。对于块体数目较少时，可采用直接解法；对于块体较多时，采用 SOR 迭代法。SOR 法需要一个松弛因子，它的选取对计算效率是至关重要的，但又无法事先确定最佳的松弛因子，这无疑影响了 DDA 的使用。考虑到平衡方程中 **K** 阵的特点（对称、正定、主元占优），DDAW 采用了预处理共轭梯度法（preconditioned conjugate gradient，PCG）（吕涛等，1992），用 **K** 阵的对角阵作为预处理矩阵。如果将 PCG 与对松弛因子不敏感的 SSOR（对称逐步超松弛）相结合，可以得到非常有效的 SSOR-PCG 法。它具有 SSOR 对松弛因子的不敏感性和 PCG 收敛速度快的优点。

图 5.64 给出了 SOR 与 PCG 法计算效率的比较。从图中可以看出，PCG 法要明显优于 SOR 法。

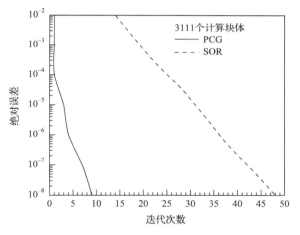

图 5.64　SOR 与 PCG 计算效率比较

5.2.2　数值仿真分析

面板坝模型如图 5.65 所示（韩国城和孔宪京，1993）。模型坝高 1.4m，上、下游坡比均为 1∶1.4。整个坝体分成 4224 个块体，面板以一个块体计算。计算中能量损失系数 K 取为 0.001。表 5.6 给出了堆石和面板材料的力学参数。计算中以 El Centro 波作为输入地震动，最大水平向加速度为 0.45g。计算时间步长为 0.0001s。图 5.66 给出了均质堆石坝的初始构形，图 5.67～图 5.69 分别给出了均质堆石坝在 0.4s、1.2s 和 2.1s 时的系统变形图。图 5.70 给出了均质堆石坝变形前后系统构形的比较。图 5.71～图 5.73 分别是面板堆石坝在 0.8s、1.6s 和 2.4s 时的系统变形图。图 5.74 给出了面板坝变形前后的比较。

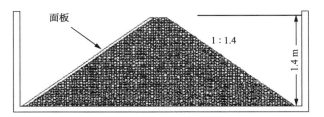

图 5.65　模型坝断面

表 5.6　堆石和面板材料的力学参数

项目	堆石料	面板
密度/(g/cm³)	1.55	1.60
内摩擦角/(°)	42	42
弹性模量/MPa	210	1100
泊松比	0.30	0.28
黏聚力/(MPa/m²)	0.1	0.1
抗拉强度/MPa	0.1	0.1

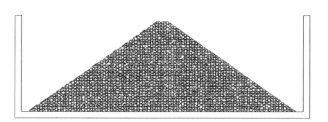

图 5.66　均质堆石坝初始构形

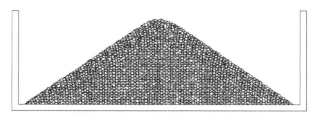

图 5.67　均质堆石坝在 0.4s 时坝体构形

图 5.68　均质堆石坝在 1.2s 时坝体构形

图 5.69　均质堆石坝在 2.1s 时坝体构形

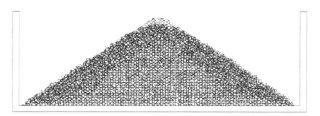

图 5.70　均质堆石坝变形前后比较

图 5.71　面板堆石坝在 0.8s 时坝体构形

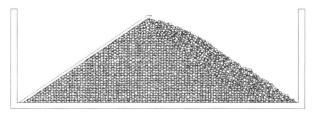

图 5.72　面板堆石坝在 1.6s 时坝体构形

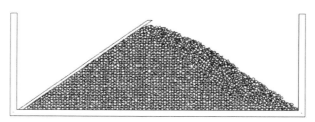

图 5.73　面板堆石坝在 2.4s 时坝体构形

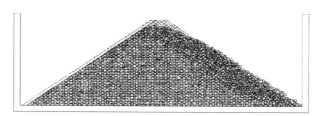

图 5.74　面板坝变形前后比较

从均质堆石坝和面板坝的变形图中可以看到,无论均质堆石坝还是面板坝,其破坏形式都是坡面颗粒的松动并沿坡面的滑动,然后坡面颗粒滑动的数量和范围逐渐扩大,同时坝顶不断下沉,没有形成特定的滑裂面。所不同的是,均质堆石坝为坝顶两侧对称滑动,而面板坝却仅发生在下游坝面,这些现象与振动台模型试验的结果很相似。

从振动台模型试验和数值仿真分析的结果可以得到如下结论。

(1) 动荷载作用下,由于坝顶部往复惯性力较大,使得坝顶及无面板的下游坝面表层土体松动、颗粒间咬合力丧失,所以面板坝的初始破坏主要发生在坝顶部下游坝坡表层,表现为颗粒的松动并沿浅层滑动,没有形成特定的滑裂面。上游坝面由于面板的作用而具有更高的稳定性。

(2) 保持面板坝下游坝坡的稳定是提高其整体抗震能力的关键问题,因此在地震区修建面板坝可采取减缓下游坝坡、加宽坝顶、在下游坡设置马道以及在坝顶区采用抗剪强度较高的填筑材料等有效抗震措施。

(3) 数值仿真分析结果表明,DDA 方法能较好地模拟散粒体结构的动力破坏过程,即使在块体数目相当多的情况下仍能很快收敛。由于采用了高效的方程求解器,使 DDAW 程序有能力处理复杂的工程实际问题。

参 考 文 献

陈生水,霍家平,章为民. 2008. "5·12"汶川地震对紫坪铺混凝土面板坝的影响及原因分析. 岩土工程学报,30(6): 795-801

韩国城, 孔宪京. 1993. 面板堆石坝抗震加固措施探讨. 大连：大连理工大学土木工程系抗震研究室

孔宪京, 韩国城, 等. 1990. 考虑竖向地震动的面板堆石坝地震反应分析//中国地震学会地震工程专业委员会. 第三届全国地震工程会议论文集, 大连

孔宪京, 刘君, 韩国城. 2003. 面板堆石坝模型动力破坏试验与数值仿真分析. 岩土工程学报, 25(1)：26-30

孔宪京, 邹德高, 周扬, 等. 2009. 汶川地震中紫坪铺混凝土面板堆石坝震害分析. 大连理工大学学报, 49(5)：667-674

刘君. 2001. 三维非连续变形分析与有限元耦合算法研究. 大连：大连理工大学博士学位论文

吕涛, 石济民, 林振宝. 1992. 区域分解算法——偏微分方程数值解新技术. 北京：科学出版社

《数学手册》编写组. 1979. 数学手册. 北京：高等教育出版社

朱彤, 林皋, 马恒春. 2004. 混凝土仿真材料特性及其应用的试验研究. 水力发电学报, 23(4)：31-37

河上房义. 1974. フイルダムの地震时应答特性について, ダム日本

Baba K, Nagai M. 1987. Dynamic failure test of model embankment// International Symposium on Earthquake and Dams, Beijing：1

Pei J M. 1996. The effects of energy loss in block bumping on dis-continuous deformation// Proceedings of the 1st International Forum on Discontinuous Deformation Analysis(DDA) and Simulations of Discontinuous Media, Berkeley：401-406

Shi G H. 1992. Discontinuous deformation analysis：A new numeri-cal model for the statics and dynamics of deformable block struc-tures. Engineering Computations, 9：157-168

第6章　面板堆石坝抗震对策

6.1　引　　言

在实际地震中的表现和大量的振动台模型试验及数值计算分析表明,强震时面板堆石坝主要破坏特征可归结于两点:第一,坝体最初的破坏形式是坡面的表层滑动,其位置发生在下游坡坝顶附近,由于上游坝面受面板的约束作用,在地震情况下,比下游坝坡具有更高的稳定性;第二,强震作用下,面板断裂(或裂缝)部位一般发生在坝体上部,这是因为坝顶区土体的破坏(滑移、松动、坍塌等)是引起面板断裂(或裂缝)的主要原因。由此可见,面板坝在地震中的安全与坝顶区土体的稳定有关,若大坝遭遇强震而发生破坏,则破坏将首先可能从坝顶上部开始。因此,在地震区修建面板坝,应特别重视坝顶区土体的稳定,保持面板坝下游坝坡的稳定是提高其抗震能力的关键。

本章首先通过一系列类比模型试验系统地研究面板坝抗震措施,依据模型试验的结果,提出一套综合抗震措施。在模型试验的基础上,通过数值模拟进一步验证所提抗震措施的有效性,在此基础上建议改善面板应力的综合抗震对策。

6.2　土石坝抗震措施模型试验

作者先后进行了一系列模型坝的破坏试验,主要研究内容包括:

(1) 筑坝材料(无黏性土)粒径对坡面临界加速度的影响;

(2) 合理减缓坝坡;

(3) 坝顶宽与上游面板稳定;

(4) 加筋土与钉结护面板技术;

(5) 下游干砌石护坡;

(6) 坝顶区堆石改性。

6.2.1　模型设计

为了叙述方便,表6.1列出了31个模型试验条件,模型坝壳料与垫层料 A～E 的物理性质见表2.9,坝壳料 K 和 H 物理性质见表6.2,模型面板物理性质见

表 2.10。其中模型 1～9 为均质坝,上、下游边坡均为 1∶1.4;模型 10～15 是面板坝,上游坡为 1∶1.4,下游坡设有马道,马道以下坝坡为 1∶1.4,马道以上为 1∶1.6;模型 17～23 采取了在坝顶及下游坝坡上部加盖面板,并引入土工加筋加固技术,在面板下插入模型坝体一定量细钉筋,钉筋采用 $\phi2mm$ 的圆钢钉,长度分别用 15cm 及 7.5cm 两种。钉筋在模型上采用逐排交错排列,间距及排距均为 10cm,并用细铜丝编成网状将埋钉连成一体,钉筋出露堆筑石料面长度为面板厚的 1/2,使面板成为"加筋面板"。钉筋排列及网联见图 6.1。模型 26～31 上游面板采用相似混凝土面板,模型 26～28 和模型 30 采用打孔牛皮纸作为筋材平铺在坝体内,模型 29 采用干砌石护坡措施,而模型 30 联合采用加筋和干砌石护坡,模型 31 采用胶结碎石土技术来提高坝顶区的稳定性。模型 16～23 采用以 1200Hz 为采样频率处理的 El Centro 波逐级加载进行激振,其他模型采用 10～25Hz 的正弦增幅波激振。

表 6.1　模型坝试验条件

模型编号	坝壳材料	面板材料	坝高/cm	坝顶宽/cm	马道高程	激振频率	马道以上缓坡	坝面处理	断面示意图
1	A		140	7	无		—	—	
2	A		100	7	无		—	—	
3	A		80	7	无		—	—	
4	B		140	7	无		—	—	
5	B	无	100	7	无		—	—	
6	B		80	7	无	正弦波 20Hz	—	—	
7	C		140	7	无		—	—	
8	C		100	7	无		—	—	
9	C		80	7	无		—	—	
10	D	有机玻璃	100	7	4/5H		1∶1.6	—	
11	D		100	7	3/4H		1∶1.6	—	
12	D		100	7	2/3H		1∶1.6	—	
13	D	石膏	100	7	4/5H		1∶1.6	—	
14	D		100	12	4/5H		1∶1.6	—	
15	D,B	石膏	100	18	4/5H	正弦波 25Hz	1∶1.6	—	

续表

模型编号	坝壳材料	面板材料	坝高/cm	坝顶宽/cm	马道高程	激振频率	马道以上缓坡	坝面处理	断面示意图
16	K	无	140	8	无		—	未做处理	
17	K	无	140	8	无		—	坝体上部1/3铺纱布,自94cm高程开始,间隔7.5cm,共6层	
18	K	无	140	8	无		—	坝体上部1/3对称加盖面板及埋设钉筋。筋长15cm	
19	K	砂浆2	140	8	4/5H		—	仅上游面铺设抹面板。不加筋	
20	K	砂浆2	140	8	4/5H	El Centro 逐级加载	—	上游全部、顶部及下游上部1/5抹面板。下游面板下沿修马道	
21	K	砂浆2	140	8	4/5H		—	上游全部、顶部及下游上部1/5抹面板。上部加筋,下游修马道。筋长15cm	
22	K	砂浆2	140	8	4/5H		—	同模型20,筋长7.5cm	
23	K	砂浆2	140	8	4/5H		—	上游面板(无筋),坝顶及下游上部抹面板并加短筋。上游与顶部面板之间留缝。筋长7.5cm	

续表

模型编号	坝壳材料	面板材料	坝高/cm	坝顶宽/cm	马道高程	激振频率	马道以上缓坡	坝面处理	断面示意图
24	H	相似混凝土面板	140	8	无	正弦波10Hz	—	空库、未做处理	
25							—	满库、未做处理	
26							—	坝顶 1/5 加筋,间距 5cm,筋材牛皮纸,满库	
27							—	坝顶 2/5 加筋,其余同模型 26	
28							—	空库,其余同模型 26	
29							—	下游面干砌石护坡,水位 0.66H	
30							—	坝顶 1/5 加筋,间距 5cm,筋材牛皮纸,下游面干砌石护坡,水位 0.66H	
31							—	坝顶 1/5 胶结碎石改性,下游面 4/5 干砌石护坡,水位 0.66H	

表 6.2　模型坝壳与垫层材料的物理性质

材料	粒径/mm	平均粒径 d_{50}/mm	不均匀系数	安息角 ϕ/(°)	最大孔隙比 e_{max}	最小孔隙比 e_{min}	容重 γ_d/(g/cm³)	黏聚力 c/kPa	内摩擦角 φ/(°)
H	0.15-20	7.6	10.44	—	0.720	0.399	1.85	11.93	46.59
K	0.02~8	3.01	3.09	41.98	—	—	1.55	—	—

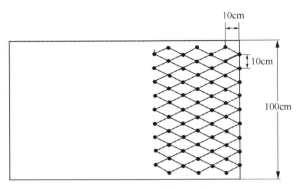

图 6.1 面板钉筋布置及网联

6.2.2 坝料粒径对坡面临界加速度的影响

对无黏性土来说,坡面临界加速度主要与筑坝材料的内摩擦角 φ 与坝坡 θ 有关。前面的试验也已证实,振动台用 $10\sim40\mathrm{Hz}$ 频率激振时,激振频率和坡面临界加速度几乎没有什么相关性。为研究坝料粒径对坡面临界加速度的影响,对相同的边坡($1:1.4$)选用表 6.1 所示的 A、B、C 三种坝壳材料在振动台上堆筑成三种不同坝高的均质模型坝(即坝高分别为 80cm、100cm、140cm)进行破坏试验(正弦波增幅激振,频率 20Hz),测定坝体发生初始滑动时的坡面临界加速度,即坝顶颗粒滑动部位加速度反应,如图 6.2 所示。图中阴影为这 9 个模型坝的离散范围。由此可见,在坝坡一定的条件下,筑坝材料平均颗粒直径增大,坡面临界加速度相应也有所提高。因此,提高坝顶区堆石料的粒径对坝坡稳定是有利的。

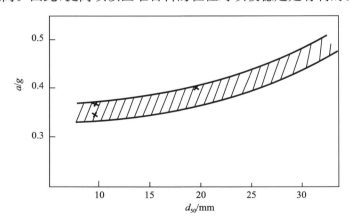

图 6.2 粒径与坡面临界加速度关系

6.2.3 合理减缓坝坡

毫无疑问,减缓坝坡对提高坡面稳定固然有效。但是,减缓坝坡势必增大坝断面,增加工程投资。因此,如何合理地选择缓坡起始高程,既不盲目增加投资,又使下游坝坡具有足够的稳定性,确保大坝安全,这是研究中所关心的问题。

模型 10～12 是一组在下游坡不同高程设置马道(宽 6cm),并在马道上缓坡后的比较试验。马道上边坡为 1∶1.6,马道下边坡为 1∶1.4,坡顶宽为 7cm,上游均为 1∶1.4,面板采用有机玻璃板,坝壳材料为表 2.9 中 D 材料。

设置马道后模型坝初始破坏仍旧发生在下游坡坝顶附近,坝顶处边坡滑动后不久,便可看到马道下(附近)也开始出现颗粒的滚落和滑动,继续加振,马道逐渐滑平。

图 6.3～图 6.5 分别是模型 10(马道位于 4/5 坝高处)、模型 11(马道位于 3/4 坝高处)和模型 12(马道位于 2/3 坝高处)的加速度实测记录。图(a)为坡面初始滑动时加速度分布,图(b)为马道边缘或接近马道处坡面颗粒滑动加速度分布,

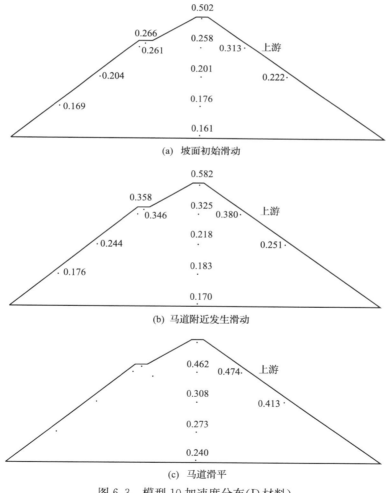

图 6.3　模型 10 加速度分布(D 材料)

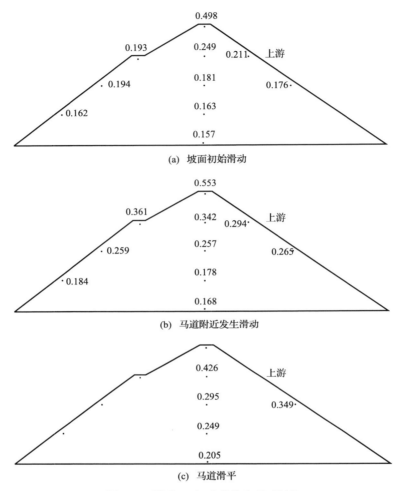

图 6.4　模型 11 加速度分布(D 材料)

图(c)为马道滑平时加速度分布。

　　从三个模型坝的试验结果(图 6.3～图 6.5)看出:①坡面初始滑动时加速度分布(图(a))大体相同,但由于设置的马道高程不一,故马道附近滑动时加速度分布(图(b))有所不同,尤其是台面加速度,以马道最低时(图 6.5)最大;②显然,放缓坡度后的坡面临界加速度显著提高了,平均为 0.5g 左右,台面加速度约为 0.16g,比坝坡为 1∶1.4 情况下提高大约 42%和 14%。

　　若把坝体初始破坏(滑动)作为衡量大坝安全的标准,那么试验所进行的三种缓坡起始高程对提高下游坝坡的稳定大致是等效的。显然,当选择坝高的 4/5 作为起始点减缓坝坡是比较经济的。粗略地估计,4/5 坝高以上从 1∶1.4 减缓到 1∶1.6(不考虑马道本身),土方量增加 2.4%左右。但正如前面所说,坡面临界加

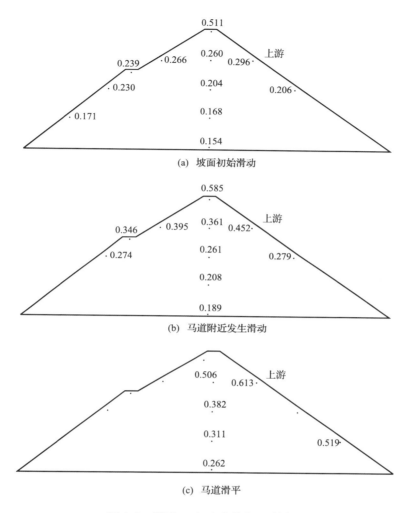

图 6.5　模型 12 加速度分布(D 材料)

速度将会提高 45% 左右。从模型坝试验结果看,一般坡面初始滑动都发生在下游坡接近坝顶附近,因此,缓坡起始高程还可以适当提高。

6.2.4　坝顶宽与上游面板稳定

试验观察到,在下游坡初始滑动后,随着下游坡面表层不断向下游滑动和坝顶土体不断滑坍,面板顶部逐渐失去土体支撑而处于悬空状态,其后果必然导致面板上部在剧烈的振动中发生横向裂缝,随之断裂。因此,为了使坝顶土体在强震时有足够的稳定性,除了适当减缓坝坡,提高坡面临界加速度,还必须进一步采取有效措施,防止面板顶部过早地失去土体支撑,发生面板断裂。

　　模型 13 和模型 14 主要差别在于坝顶宽,前者为 7cm,后者为 12cm。图 6.6 和图 6.7 为实测加速度分布。

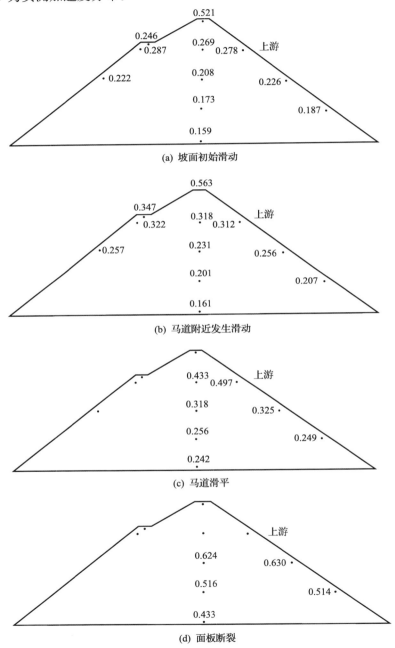

图 6.6　模型 13 加速度分布(D 材料)

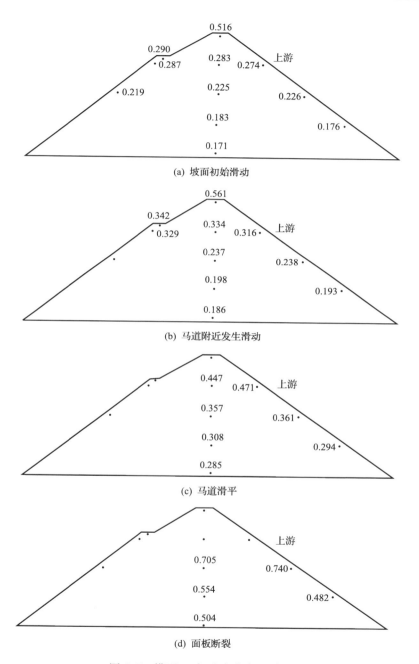

(a) 坡面初始滑动

(b) 马道附近发生滑动

(c) 马道滑平

(d) 面板断裂

图 6.7　模型 14 加速度分布（D 材料）

在马道滑平之前,破坏过程与模型10~12中描述的相同。由于采用的是石膏面板,随着整个坡面的滑动,坝顶土体不断向下游滑坍,面板顶端逐渐失去土体的支撑,面板悬空并剧烈振动,最后面板断裂。这些现象和没有马道时也是类似的。但是有一点必须指出,即坝顶加宽后,从马道滑平到面板断裂持续时间延长了。换言之,由于坝顶加宽后,坝顶土体就不那么容易很快地滑坍以致面板悬露。从图6.6和图6.7的实测结果也可以看出,不同坝顶宽的模型坝上所测得的坡面初始滑动、马道附近颗粒滑动、马道滑平时的加速度分布(即图(a)、(b)、(c))大致还比较接近,但是,面板断裂时加速度分布(图(d))显然是坝顶加宽的模型坝偏大,这说明坝顶加宽对面板上部的稳定是有利的。由此可见,从抗震角度,坝顶过窄是不安全的。强震时,坝顶加速度放大往往较大,坝顶附近发生坡面滑动是有可能的。但是,坝顶土体的充分滑坍需要有一定数量的循环次数(即超过坡面临界加速度的循环次数)来保证。如果坝顶具有足够宽度,地震时坡面的表层滑动(削弱)不至于危及整个坝顶区土体,那么面板的稳定将会从中受益。因此,在地震区修建面板堆石坝,应适当放宽坝顶宽度。

6.2.5　建议的一种断面形式

根据上述抗震措施的模型试验结果,建议了一种断面形式。在强震区修建面板坝,对坝体中间若干个坝段的上部(4/5坝高以上)同时采用减缓下游坝坡,适当放宽坝顶和选用抗剪强度较高的筑坝材料等抗震措施,将有助于面板坝在地震中的稳定性。作为上述几项措施的综合运用,可采用如图6.8所示的面板坝断面形式,图中 H 为坝高,b_1 和 b_2 分别为坝顶宽和马道宽,m_1 和 m_2 为边坡比。

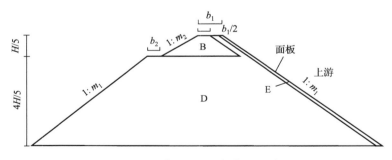

图6.8　建议的面板坝断面形式

模型15按图6.8所示的断面形式设计。坝壳分区采用不同的材料,即坝顶区采用粒径较大的B材料(表2.9),坝顶宽为18cm,其余尺寸同模型14。

模型坝的破坏过程与前述的试验略同,图6.9和图6.10给出各破坏阶段实测的加速度分布及面板应力分布,从试验结果看,无论坝体发生初始坡面滑动还是面板出现裂缝时,相应的振动台输入加速度都比模型14有所提高。若和最先举例的用 D 材料堆筑成边坡为 1∶1.4 的模型坝破坏试验坡面初始滑动和面板断裂时振动台的输入加速度平均值 0.14g 和 0.42g 相比,其效果更明显。

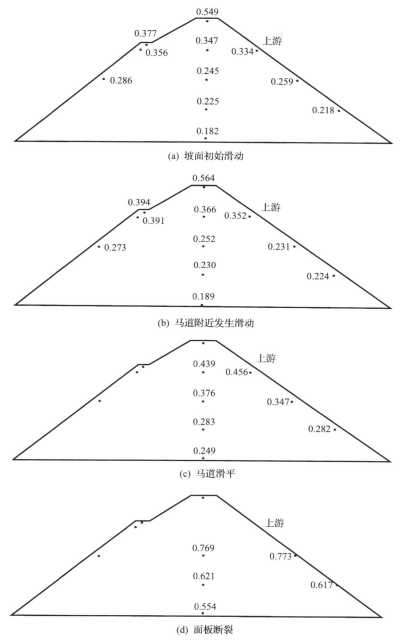

(a) 坡面初始滑动

(b) 马道附近发生滑动

(c) 马道滑平

(d) 面板断裂

图 6.9　模型 15 加速度分布(材料 B、D)

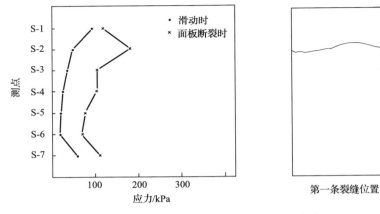

图 6.10　模型 15 各测点应力及面板裂缝位置(材料 B、D)

6.2.6　加筋土和钉结护面板技术以及材料改性技术

模型 16～27 为采用不同加固技术的抗震措施比较。模型采用以 1200 Hz 为采样频率处理的 El Centro 波逐级加载进行激振。为了便于比较分析,在此先介绍两个基本模型,即模型 16 和模型 19(表 6.1)。

1. 两个基本模型坝的破坏过程

模型 16 是坝面未经任何处理的均质堆石坝,在第三级荷载作用下,台面最大峰值加速度为 0.45g,模型坝顶部出现了较明显的堆石滑落现象,第五级荷载作用后(台面加速度峰值 0.61g),坝顶部滑圆,第七级荷载作用后整个坝面滑塌严重,坡面的堆石滑塌部位下延至 1/3 坝高程附近。模型坝最终破坏形态为坝顶部中间沉降(滑塌)3cm,占坝高的 2.15%,坝顶角部沉降 6cm,为 4.39%。坝顶及坝坡上部滑落的堆石滞留在 1/3 坝高的两侧边坡附近。

模型 19 是在上游坡面加抹面板,因此,在相同的第三级荷载作用时,仅在下游坡顶部出现堆石滑动现象(台面最大加速度峰值 0.44g)。第四级荷载作用后,堆石下滑点延至马道以下,马道开始发生破坏,下游坝顶角开始滑圆,第五级荷载作用后(台面峰值加速度为 0.65g 左右),上游面板出现裂缝,其位置距坝顶 70cm。裂缝基本平行于坝轴线。下游马道因堆石滑落而消失。第六级荷载激振后,面板出现了第二条裂缝,再进行第七次激振,上游面板裂缝增至 5 条,分别位于距顶端 11cm、45cm、70cm、105cm 及 169cm 处。上游面板上部向下游侧塌陷,且面板中部略向上游鼓胀。模型坝最终破坏形态为坝顶部中间沉降 2.8cm,坝上游顶角沉陷 3.6cm,下游坝顶角沉陷 4.5cm。各级荷载激振后,两模型坝内加速度分布及表面破坏形态如图 6.11 和图 6.12 所示。

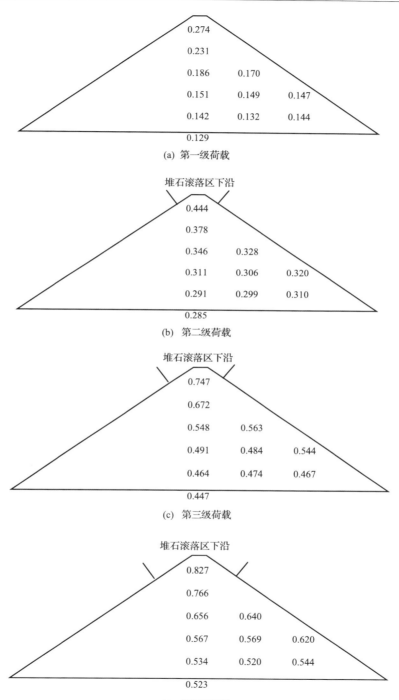

(a) 第一级荷载

(b) 第二级荷载

(c) 第三级荷载

(d) 第四级荷载

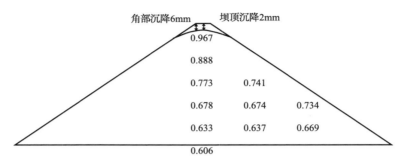

(e) 第五级荷载

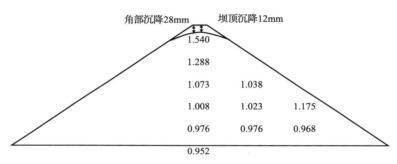

(f) 第六级荷载

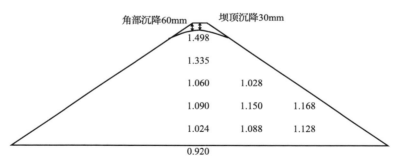

(g) 第七级荷载

图 6.11　模型 16 坝体内加速度分布及表面破坏情况

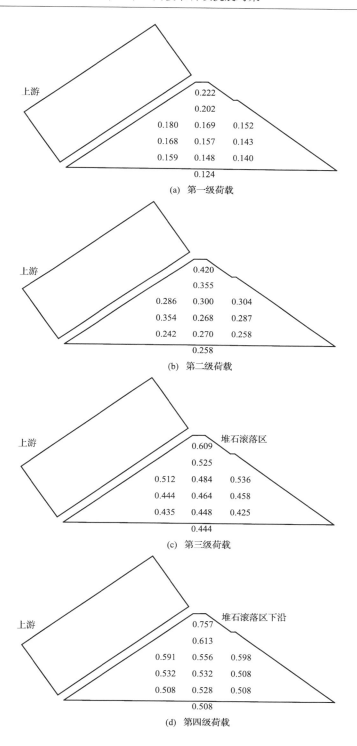

(a) 第一级荷载

(b) 第二级荷载

(c) 第三级荷载

(d) 第四级荷载

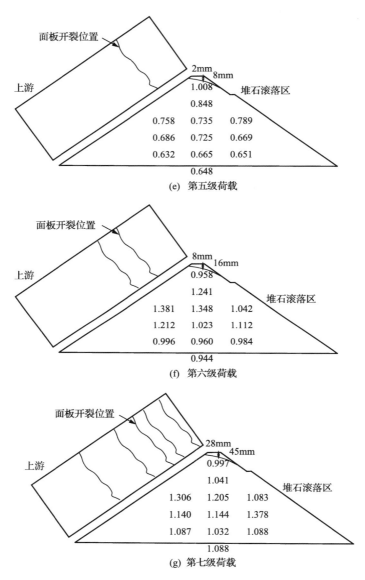

图 6.12 模型 19 坝体内加速度分布及表面破坏情况

从模型 16 和模型 19 的破坏过程可以看出,尽管模型比尺比模型 1～15 的大尺大且面板材料也不同(强度较低),尤其是以地震波(不规则波)替代了正弦波,但模型试验结果及所得到的结论是相同的,即有面板的堆石坝其初始破坏是接近坝顶附近下游坡面的表层滑动,与下游相比,上游坡面的稳定性较高。就面板的稳定性而言,由于坝顶土体随着下游坡面堆石滑动,整个坝顶部的堆石体是向下游方向滑塌的,致使面板上部变形增大,面板上部首先断裂。从实测的加速度分布看,由于上游面板的存在,下游侧的加速度值略高于上游侧。这一结果和用正弦波激振时所得到的结论也是一致的;另外,由于采用的是实际地震波,所以无论坝坡初始滑动还是面板出现裂缝时,其破坏加速度峰值都比较高,和用正弦波作为输入的模型试验结果相比要高得多。这是因为实际地震波的加速度峰值仅在瞬时出现,而且地震波的持续时间也很短。

2. 坝顶部加筋与钉结护面板技术

模型试验结果表明,坝体上部的土体对面板坝的整体稳定是至关重要的。因此,这里开展了两种尝试性的试验。一是坝顶部堆石内用土工布加筋以强化这一区域的土体,二是在坝高 1/3 以上的坡面及坝顶加抹面板用以对坝体上部表面进行加固。

模型 17 是上述的第一种尝试,即从坝高 2/3 高程起,每隔 7.5cm 铺一层纱布,共铺 6 层。由于干坡条件下堆石模型坝的破坏是坝坡表层滑落而无明显的深层滑动,所以在前几级荷载激振后,坝顶及坝坡堆石的滑动与模型 16 几乎相同,在台面输入强度增大的情况下,挟在堆石中的纱布对坝体内堆石的滑塌产生抑制作用,第七级荷载过后坝顶部中间沉降 2cm,比模型 16 减少约 1cm,坝顶角沉降 4cm,比模型 16 减小 2cm。这一试验结果表明,坝内堆石中采用土工布加筋对提高坝体的整体稳定具有一定的作用,可以防止振动中坝顶部堆石体的松动、滑移及坍塌。

采用牛皮纸作为筋材的模型 26～28 虽然与模型 17 材料不同,激振荷载不同,但坝的破坏性态与模型 17 基本相似。从图 6.13 给出的加筋与不加筋的坝体颗粒运动形式可以看出,坝顶加筋后,增强了坝顶区堆石体的整体性,坝顶区堆石的变形主要以竖向沉降为主。而图 6.14 给出的两种情况下坝体沉降与输入加速度之间的关系可以看出,在输入加速度小于 0.3g 时,坝顶基本没有沉降。随着加速度的增加,坝顶沉降率逐渐增大。空库时,由于上游没有水压力的作用,上游坝坡也出现下滑,如图 6.13(a)所示,所以坝顶竖向变形较大,在 0.5g 时达到 6%。加筋使坝顶沉降明显降低,当台面输入为 0.55g 时,模型 26 的坝顶沉降比模型 25 减小 1/3。在增大加筋范围后,坝顶沉降率变化较小。水库水位的高低也影响坝顶沉降量,这一点从模型 26 和 28 的对比明显可以看出,库水位高,坝顶沉降小。从图 6.15 给出的 4/5 高程处坝体宽度随加速度的变化规律可以看出,采取加筋措施可以明显降低坝体宽度减少率,也就是降低上游面板断裂的危险。由于模型 25 的上游面板在水压力作用下可以防止上游堆石体的运动,坝体宽度的减少主要是下游坡面改变引起的;而模型 24 的上游面板没有水压力,在 0.5g 以后,上游面板断裂并滑动,导致上游堆石体也发生了大的变形,所以在 0.5g 以后,模型 24 的变形要明显大于模型 25 的变形。加筋后,坝体宽度的减少明显得到改善。模型 26 与模型 27 和 28 的结果基本一致,但水库水位较低时,变形要大一些。

(a) 空库不加筋(模型24)

(b) 空库加筋(模型28)

图 6.13　空库时加筋对破坏模式的影响(输入加速度:0.5g)

但是,土工布/土工格栅加筋对于坝坡表层滑动的抑制效果并不明显,一般堆石坝的边坡为 1.8~2.0,面板堆石坝的边坡为 1.3~1.4。一些震害调查和大量的模型试验均表明,与静荷载不同,地震荷载(水平往复荷载)作用下坝体并没有发生深层滑动的迹象,边坡越陡,滑裂面越贴近表层(浅层)。因此,考虑到强震时面板坝的初始破坏形式为坝面表层滑动,又进行了第二种尝试,即通过对坝面的加固使坝顶部整体性得到加强,从而提高其抗震能力。

根据这一思想设计的模型 18 是在坝高 2/3 以上的坝面(包括坝顶)上抹面板并加钉筋,由于上部整体性得到加强,所以堆石滑落出现在第四级荷载之后,即台

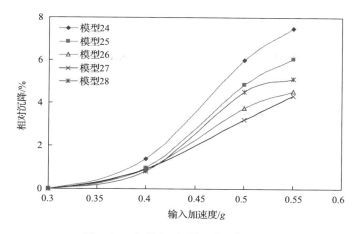

图 6.14　加筋与否对坝顶沉降的影响

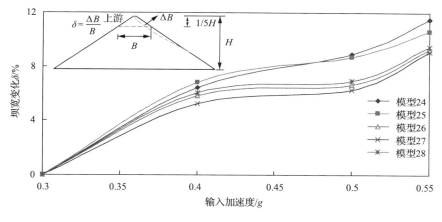

图 6.15　加筋与否对坝体宽度的影响

面输入加速度为 $0.578g$ 时面板下沿附近(坝高 2/3 的两侧坝坡面)堆石开始滑落。滑落点附近加速度峰值为 $0.578g$ 以上,第五级荷载作用之后,上、下游面板均出现裂缝,裂缝距顶部 40cm 左右,上、下游裂缝的形式和位置基本对称,第六级荷载作用之后,模型坝顶部与坝坡交线开裂,面板底部悬空,七级荷载作用后,上、下游面板又出现了新的裂缝,这些新老裂缝均在 1/5 坝高以上,坝顶沉降量为 1.3cm,和前述用土工布加筋模型 17 相比,其沉降值减小 31%;与未加任何处理的均质模型 16 相比,其沉降值减小 57%。由此可见,对坝面进行处理的这种由表及里的抗震加固方法效果是显著的,而且从施工的角度也易于采用。

　　根据模型试验结果(模型 1~模型 15)的分析,前文建议了一种综合减缓坝坡、适当放宽坝顶宽度和加大坝顶区填料粒径等抗震措施的面板坝断面形式,如图

6.8 所示。为了更有效地提高坝顶区土体的整体稳定,防止强震时因坝体上部惯性力的作用使下游坡面土体最先失去平衡而产生滑动,坝顶土体随之松动、滑塌,致使坝顶区土体对面板的支撑作用减弱,引起面板上部应力增大,发生断裂。因此,进一步设想了一种新的面板坝形式,即在下游马道以上边坡及坝顶加盖面板,并用加筋技术进行抗震加固。马道上、下边坡相同,坝顶也不考虑加宽。模型20~23 是一组按这一思想设计的模型坝,所不同是模型 20 未加钉筋,模型 21 和模型 22 均加钉筋,但长度不同,模型 23 则在坝顶面板与上游面板交界处留缝(表 6.1)。

这 4 个模型坝的破坏过程大体是相同的,模型坝的破坏都是从马道附近的堆石滑落开始,马道滑平后,坝顶部土体略向下游侧坍塌,上游面板出现裂缝,第一条裂缝出现的位置也都在距坝顶 1/5~1/4 边坡长度的区域之内。随着振动台输入激振强度的增大,上游面板裂缝增多,上游面板与坝顶护面板的交线处开裂(模型 22 除外),下游护面板下沿也开始出现了悬空段。接着下游护面板出现沿坝坡下滑的趋势,同时整个坝体出现明显沉陷。由于下游护面板只是在马道以上坝面上存在,所以上游坝面的整体刚度高于下游坝面,坝体的沉陷偏向下游侧,第七级荷载作用后,坝顶向下游方向横移约 2cm。坝顶最终沉陷 1~2cm。总体来看,这四个模型坝的破坏均比模型 19 的最终破坏程度轻。

模型 21 和模型 22 仅钉筋长度不同,后者为前者的一半,而模型 20 未加钉筋。从破坏过程看,这三个模型坝都是在第三级荷载激振时马道附近出现堆石滑落,与马道近乎同高程的测点 5 的加速度峰值为 $0.57g$~$0.59g$,相应的台面输入加速度是 $0.4g$~$0.45g$。第四级荷载激振后,在三个模型的上游面板上部均出现第一条裂缝,模型 21 的裂缝距坝顶约 30cm,模型 22 的裂缝位置低一些,距坝顶约 50cm,模型 20 的裂缝距坝顶 48cm。第三级激振后,无论模型 21 还是模型 22,都没有出现新的裂缝,由此可以说明,本项试验所选用的两种不同钉筋长度对坝坡的抗滑及面板的抗裂效果是等同的。从这个意义上看,钉筋不必过长。钉筋的主要作用是钉结面板和堆石体,对下游马道以上的护面板来说钉筋是必要的,而对于上游受水压作用的面板可不考虑钉筋。

需要指出,模型 20~22 出现第一条裂缝均在第四级荷载作用之后,而模型 19 是在第五级。这不应该理解为加固的面板坝裂缝会过早出现。因为尽管严格控制砂浆面板的配比、制作的质量及干燥的时间,但是室内气温、湿度及肉眼观察裂缝等可能产生的误差却会对试验结果产生影响,从试验结果的综合分析来看,第四级荷载是上游面板出现裂缝的临界荷载,这与坝顶和下游边坡采用钉结护面板不应该有什么直接关系。另外,第六级和第七级激振后,上游面板一般都会出现新的裂缝,而唯独第五级荷载激振没有新的裂缝出现(模型 19~22 都是这种情况)。模型 19 的第一条裂缝宽度比模型 20~22 的第一条裂缝要宽一些。

3. 坝顶部加筋与下游坝面护坡

高土石坝工程中经常采用浆/干砌大块石对下游坝面进行护坡,但效果如何缺乏准确的判断。模型 28～30 对坝顶加筋、干砌石护坡及干砌石联合土工加筋对高土石坝的抗震加固效果进行了振动台模型试验的对比研究。

护坡材料选用常见的墙面砖,其尺寸为 $L \times W \times H = 67\text{mm} \times 60\text{mm} \times 5\text{mm}$。从下游坝坡底部开始整齐地码放于下游坝坡表面,如图 6.16 所示。

图 6.16　下游干砌石护坡的坝体模型

图 6.17 为干砌石护坡(模型 29)在不同加速度时的坝体颗粒运动形式。由于护坡对下游坝坡表层土体的抑制作用,没有出现"由表及里"的渐近破坏过程,而是以深层整体滑动为主,这与图 6.18 所表示的无护坡情况时的破坏模式明显不同。当输入加速度达到一定程度后,护坡出现松动而整体滑落,随后坝顶出现塌落,坝坡出现浅层滑动(图 6.17(b))。

(a) 输入加速度: $0.4\,g$

(b) 输入加速度: 0.5 g

图 6.17　干砌石护坡对破坏模式的影响

(a) 输入加速度: 0.4 g

(b) 输入加速度: 0.5 g

图 6.18　没有护坡时坝坡破坏模式

　　如果采用坝顶区加筋及下游坡面干砌石护坡,则可以明显提高面板坝的抗震能力。图 6.19 给出了联合两种抗震措施时坝体颗粒的运动形式,而图 6.20 给出了坝顶沉降率与加速度之间的关系。从图中可以看出,在 $0.30g \sim 0.42g$,单独采用护坡比单独采用加筋措施的效果要好,这是因为加筋不能抑制表层堆石的运动。这表明实际工程中的干/浆砌石护坡在中等强度地震时其增强表层堆石体稳定的作用是明显的,抗震加固作用是显著的。但超过 $0.42g$ 之后,加筋的效果要明显好于护坡的效果,联合两者的效果要更加明显。在 $0.55g$ 时,单独加筋和单独护坡情况下的坝顶沉降率较联合两者时的坝顶沉降率分别高出 21% 和 64%。

(a) 输入加速度: $0.4\,g$

(b) 输入加速度: $0.5\,g$

图 6.19　联合干砌石护坡与加筋对破坏模式的影响

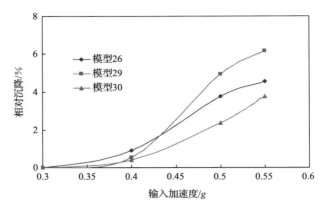

图 6.20　联合干砌石护坡与加筋对破坏模式的影响

4. 坝顶部堆石改性与下游坝面护坡

胶结粗粒土是利用天然(或经过简单加工的)砂卵石、开挖料或者其他容易获得的岩石类材料(包含常规混凝土无法利用的低强度材料),通过加入适量的水和胶凝材料拌和,并经振动或碾压而形成的具有结石性质的材料(Londe and Lino,1992)。

胶结粗粒土已经在大坝工程中得到应用(Stevens and Linard,2002;Batmaz,2003;Hirose et al.,2003;贾金生等,2006),利用胶结材料建造的坝型称为 Hardfill坝。它的主要特点是对坝体材料技术性能的要求较低,因而原材料的选择范围较宽。Hardfill 筑坝材料的另一特点是水泥掺量少,水泥用量一般在 $50\sim60\mathrm{kg/m^3}$。骨料可以是经过筛分处理的,也可充分利用坝址附近原状砂砾料或坝基开挖弃料作为骨料,不进行筛分处理;以坝址附近的河床砂砾及开挖弃渣加入胶凝材料和水进行简易拌和而成,而这些石材在一般混凝土中是无法利用的。因此,从这一点来讲,Hardfill 坝能使用风化岩石,弃渣更少,从而可以最大程度避免土地植被遭受工程破坏,国外称为"Zero emission dam(无污染坝)"(Londe and Lino,1992)。所以Hardfill 坝是一种环保型的水工建筑物,兴建大坝时,可以大幅度缩小采石厂的规模,甚至可以省去骨料制造设备或使设备简易化,达到环保又节省工程投资的目的。但这种坝型发展尚不成熟,其中也存在搅拌、施工比较困难,安全系数不高等问题。

将胶结粗粒土技术引入到面板堆石坝中,利用胶结堆石料将坝顶区土体进行局部换填,以达到提高坝顶区稳定性的目的。胶结材料具有类似混凝土材料的性质,即强度随龄期增长,龄期越长,强度越大。试验表明,水泥含量为 $50\sim60\mathrm{kg/m^3}$时就可达到 5MPa(90 天龄期)的无侧限抗压强度,且后期(180 天以后)还有很强的增长趋势,具有强度储备的性质。根据强度相似比尺 $\lambda_\sigma=244$,模型材料的抗压强度最低为 20.5kPa。

　　试验中配置了多种水泥含量的胶结堆石料,并制作成边长为 10cm 的立方体标准试件,在不同养护时间下测定其抗压强度。最终选定的胶结堆石料各组分含量及其基本性质,如表 6.3 所示。

表 6.3　胶结堆石料组分及基本性质

水泥含量/%	含水量/%	养护时间/h	抗压强度/kPa
2	4	24	30

注: 各组分含量为各组分与堆石料质量比。

　　对坝顶 1/5 区域进行胶结处理后,坝顶区具有极强的稳定性,下游坝坡的破坏从胶结区域的底部开始,如图 6.21 所示,当下游坝坡(4/5 坝高以下部分)出现大范围滑移后,胶结区域的底部出现悬空。在胶结区域同一水平位置取两点,如图 6.21(c)中点 A 与点 B 所示。A、B 两点在振动过程中竖向位移的变化如图 6.22

(a) 输入加速度: 0.40g

(b) 输入加速度: 0.50g

(c) 输入加速度: 0.55g

图 6.21　坝顶 1/5 材料改性对破坏模式的影响

所示。从图中可以看出,在加速度小于 0.40g 时,坝体沉降几乎为零,在 0.40g～0.46g 时,坝顶区以竖向沉降为主,点 A 与点 B 位移基本一致。下游坝坡出现大范围滑移后,胶结区域底部悬空,点 B 的竖向位移大于点 A 的竖向位移,表明坝顶胶结区域出现向下游倾倒的趋势。因此,堆石料与胶结堆石料衔接处的过渡应特别关注。

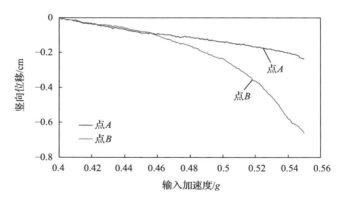

图 6.22　A、B 两点的竖向位移与加速度的关系

　　图 6.23 给出了坝顶区胶结改性(模型 31)和加筋措施(模型 30)对坝顶沉降影响的比较。在加速度输入为 0.55g 时,模型 31 比模型 30 的坝顶沉降降低了 3/4。因此,将坝顶区进行胶结处理比坝顶区进行加筋处理对坝顶沉降的抑制作用更加显著。在较强的能量输入下(输入加速度达到 0.55g),坝顶沉降率仍小于 1%。

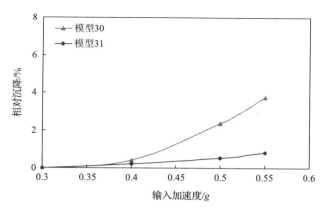

图 6.23　坝顶胶结与加筋措施效果的比较

6.3　土工格栅抗震措施分析

土工格栅加固技术作为一种有效的抗震加固措施,在路堤、土坡和大坝边坡加固等许多工程中得到广泛应用。但土工格栅在大坝边坡加固方面目前多采用工程类比进行设计,缺少定量分析的指导,不便于工程应用。稳定安全系数和基于块体滑移法的滑移量作为坡稳定性的综合评价指标,很容易为工程技术人员理解,但目前有关土工格栅加固方案对坝坡稳定性影响的研究成果不多。因此,采用动力有限元稳定计算方法,对 300m 级面板堆石坝进行了土工格栅加固影响研究。

6.3.1　计算模型及参数

采用 300m 级面板堆石坝作为计算算例。对土工格栅加固进行数值计算时,有两种方法:一是将格栅和堆石体分开考虑;二是将格栅与堆石体作为复合材料考虑。计算中采用第二种方法,通过强度参数的变化来考虑土工格栅加固后堆石体强度特性的变化,图 6.24 为大坝网格图。

对比采用土工格栅加固和不加固的试验结果,认为土工格栅对试样强度的提高主要表现为“黏聚力”的增加,假定加固前后试样内摩擦角不变,整理得到不同围压下的“黏聚力”,取三个围压试验结果的平均值作为材料的“黏聚力”c(毕静,2009)。表 6.4 给出了土工格栅的主要参数,图 6.25 为试验中采用的土工格栅的照片,图 6.26 给出了试验得到的三轴试验应力-应变关系。图 6.27 为加固后堆石料“黏聚力”整理示意图。据此提出一种线性和非线性组合强度模型来整理土工格栅加固后的堆石料材料参数,见表 6.5。有限元动力稳定计算时,考虑了堆石材料的应变软化,峰后强度根据图 4.37 确定,剪切带宽度取 0.90m。

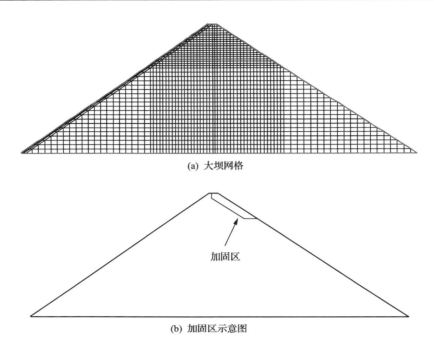

(a) 大坝网格

(b) 加固区示意图

图 6.24　大坝网格

表 6.4　土工格栅的主要参数

规格	延伸率/%	强度/(kN/m)		网格/mm
		横向	纵向	
TGS-D-80-80	10	80	80	25×25

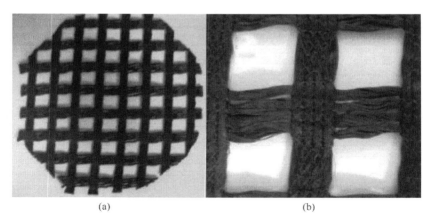

(a)　　　　　　　　　　　　　　(b)

图 6.25　试验用土工格栅照片

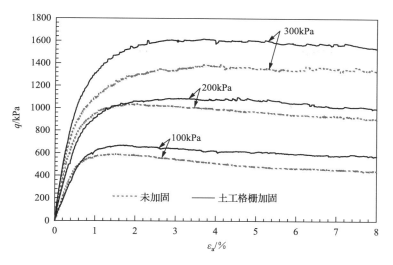

图 6.26　土工格栅加固与未加固堆石料三轴试验应力-应变关系

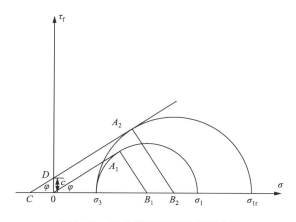

图 6.27　组合强度模型整理示意图

　　静力计算时,筑坝材料采用 Duncan-Chang *E-B* 模型,考虑了大坝填筑和蓄水过程,计算参数见表 6.5。动力计算时,筑坝材料采用等效线性模型,计算参数见表 3.8。

表 6.5　筑坝材料 Duncan-Chang *E-B* 模型参数

材料	R_f	K	n	K_{ur}	c/kPa	φ_0/(°)	$\Delta\varphi$/(°)	K_b	m
加固前	0.64	1109	0.24	2218	—	49.8	7.2	420	0.26
加固后	0.64	1109	0.24	2218	20	49.8	7.2	420	0.26

6.3.2　地震动输入

地震输入采用某工程场地谱人工波,如图 4.39 所示,地震波水平向加速度峰值分别调整为 0.3g、0.4g 和 0.5g,竖向加速度峰值取为水平向的 2/3。

6.3.3　计算结果与分析

1) 最小安全系数

图 6.28(a)、(b)分别给出了输入加速度峰值为 0.4g 时,未加固和采用土工格栅加固两种工况下的下游坝坡最小安全系数时程曲线。从图中可以看出,采用土工格栅加固后,坝坡安全系数明显提高,且小于 1.0 的累积时间减少。

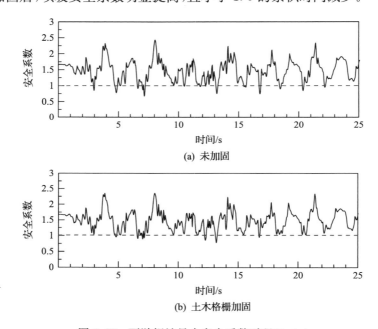

(a) 未加固

(b) 土木格栅加固

图 6.28　下游坝坡最小安全系数时程(0.4g)

2) 累积滑动量

图 6.29(a)、(b)为输入地震动峰值为 0.4g 时,未加固和采用土工格栅加固时的下游坝坡安全系数小于 1.0 时的累计滑动量,分别为 58.55cm 和 2.06cm,可见土工格栅加固方案明显抑制了坝坡的滑动位移。

3) 滑弧位置

图 6.30 (a)、(b)为两种工况最小安全系数所对应的滑弧。由图可以看出,无加固措施时,滑弧位于坝顶浅层部位;当采用土工格栅加固后,抑制了坝顶区域的

浅层滑动,增强了顶部堆石体的整体稳定性。

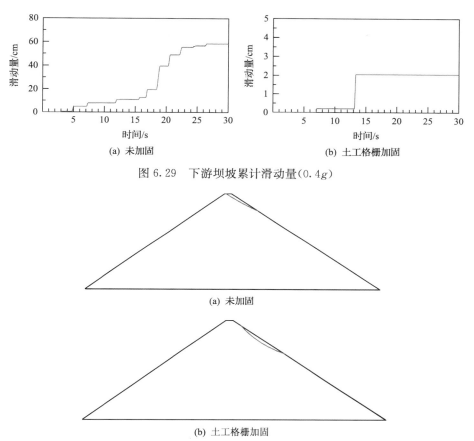

(a) 未加固　　　　　　　　　　　(b) 土工格栅加固

图 6.29　下游坝坡累计滑动量(0.4g)

(a) 未加固

(b) 土工格栅加固

图 6.30　下游坝坡最小安全系数对应滑弧(0.4g)

4) 地震加速度峰值影响

表 6.6 给出了输入不同地震加速度峰值时,大坝下游坝坡安全系数和滑移量。由表可以看出,随着输入地震动强度增大,土工格栅的加固效果越来越明显,当加速度峰值增大到 0.5g 时,加固后的上游坝坡安全系数提高量达到 40%。

表 6.6　不同加速度峰值对应的结果

顺河向峰值加速度/g	最小安全系数		滑移量/cm	
	未加固	土工格栅加固	未加固	土工格栅加固
0.3	0.86	0.96	2.00	0.05
0.4	0.61	0.78	58.55	2.06
0.5	0.50	0.70	175.18	20.42

6.4　钉结护面板抗震措施分析

　　"八五"期间,作者课题组根据大型振动台模型试验结果,提出了钉结护面板加固方案(图 6.31 和图 6.32)。钉结护面板技术已经逐渐被工程单位认可,并在新疆吉林台面板坝工程进行了应用(图 6.33)。

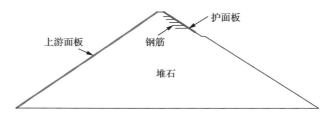

图 6.31　钉结护面板加固坝坡示意图

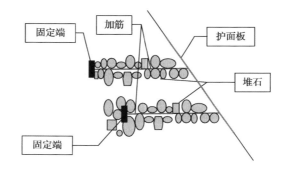

图 6.32　加筋端的处理方式示意图

图 6.33　吉林台面板坝下游坝坡上部钉结护面板施工

　　钉结护面板技术作为一种有效的抗震措施,目前多采用工程类比进行设计,缺乏相应的计算方法,不便于工程应用。稳定安全系数和基于滑移变形分析方法的滑移量作为坡稳定性的综合评价指标,很容易让工程技术人员理解。因此,作者课题组建立了考虑钉结护面板作用的动力有限元稳定性计算方法,结合 300m 级面板堆石坝进行了钉结护面板效果研究。

6.4.1　考虑钢筋作用的坝坡稳定和滑移计算方法

　　在常规动力有限元时程法的基础上,考虑了钢筋的作用,即将堆石体和护面板用平面等参单元离散,钢筋采用杆单元离散,建立加固后大坝的有限元模型,分别计算出大坝的震前应力和地震时每一瞬时的动应力,假定破坏时钢筋拉力沿滑弧的切向作用(图 6.34),根据单元的静、动应力叠加结果,可对大坝进行稳定计算,其安全系数为

$$F_s = \frac{\sum\limits_{i=1}^{n}(c_i + \sigma_i \tan\varphi_i)l_i + \sum F}{\sum\limits_{i=1}^{n}\tau_i l_i + \sum f} \tag{6.1}$$

式中,$\sum f$ 为钢筋的拉力;$\sum F$ 为钢筋的抗拉强度;其他符号见式(4.17)。

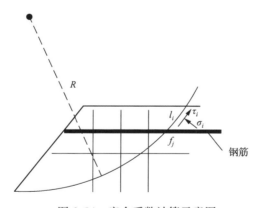

图 6.34　安全系数计算示意图

　　滑移量计算方法与 4.2.1 节相同。

6.4.2　计算模型与参数

　　采用了 300m 级面板堆石坝作为计算算例。图 6.35 为大坝网格图,图 6.36 为大坝加筋和护面板示意图。其中钢筋采用杆单元模拟,沿坝高方向间距为 5m,坝轴向间距为 1.5m。静力计算时,筑坝材料采用 Duncan-Chang E-B 模型,计算参数见表 6.5。钢筋和护面板均采用杆单元模拟,见表 6.7。动力计算时,筑坝材

料采用等效线性模型,计算参数见表3.8。静力计算考虑了大坝填筑和蓄水过程。有限元动力稳定计算时,考虑了堆石材料的应变软化,峰后强度根据图4.37确定,剪切带宽度取0.90m。

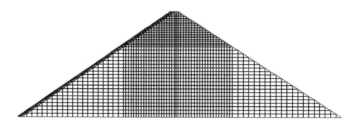

图6.35　大坝网格图

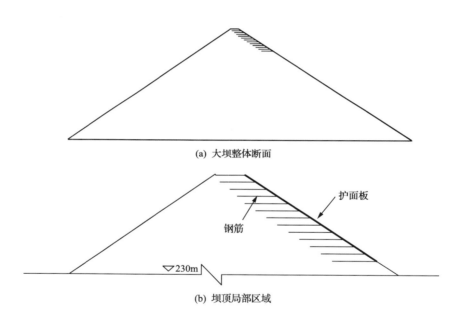

(a) 大坝整体断面

(b) 坝顶局部区域

图6.36　大坝顶部加固及护面板图

表6.7　钢筋和护面板模型参数

名称	E/MPa	密度/(kg/m³)	面积/cm²	抗拉强度/MPa	抗剪强度/MPa	厚度/cm
钢筋	2×10^5	7800	3.14	455	—	—
护面板	2×10^4	2400	—	—	0.545	15

6.4.3　地震动输入

地震输入采用了某工程场地谱人工波,如图4.39所示,其水平向加速度峰值

分别调整为 $0.3g$、$0.4g$ 和 $0.5g$,竖向加速度峰值取为水平向 2/3。

6.4.4　计算结果与分析

1) 最小安全系数

图 6.37(a)、(b)分别给出了输入加速度峰值为 $0.4g$ 时,未加固和钉结护面板加固两种工况下计算得到的下游坝坡最小安全系数时程曲线。从图中可以看出,钉结护面板加固后,坝坡安全系数明显提高,且小于 1.0 的累积时间减少。

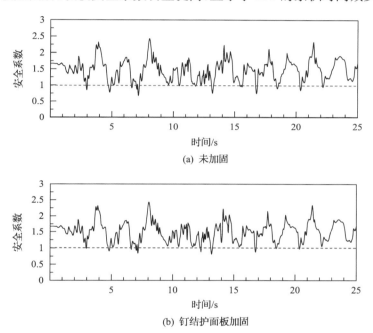

(a) 未加固

(b) 钉结护面板加固

图 6.37　下游坝坡最小安全系数时程($0.4g$)

2) 累积滑动量

图 6.38(a)、(b)为输入地震动峰值 $0.4g$ 时,无加固措施和采用钉结护面板加固时的下游坝坡全时程中安全系数小于 1.0 时的累计滑动量,分别为 58.55cm 和 1.51cm,可见钉结护面板加固方案明显抑制了坝坡滑动位移。

3) 滑弧位置

图 6.39(a)、(b)为两种工况最小安全系数所对应的滑弧。由图可以看出,无加固措施情况下,滑弧位于坝顶浅层部位,当采用钉结护面板加固后,抑制了坝顶区域的浅层滑动,增强了顶部堆石体的整体稳定性。

4) 地震加速度峰值影响

表 6.8 给出了输入不同地震动峰值时,未加固和钉结护面板加固工况大坝下

游坝坡的安全系数和滑移量。由表可以看出,随着输入地震动强度增大,钉结护面板对坝坡稳定贡献越大。当加速度峰值增大到 $0.5g$ 时,考虑加固的上游坝坡安全系数提高量达到 42%。

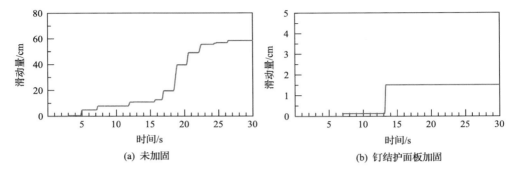

(a) 未加固　　　　　　　　　　　　(b) 钉结护面板加固

图 6.38　下游坝坡的累计滑动量($0.4g$)

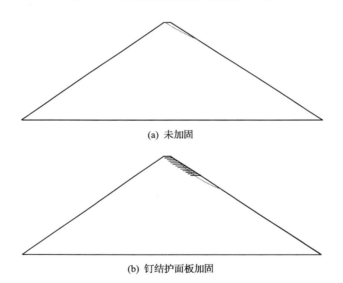

(a) 未加固

(b) 钉结护面板加固

图 6.39　下游坝坡最小安全系数对应滑弧($0.4g$)

表 6.8　不同加速度峰值对应的结果

顺河向峰值加速度/g	最小安全系数		滑移量/cm	
	未加固	钉结护面板加固	未加固	钉结护面板加固
0.3	0.86	0.95	2.00	0.07
0.4	0.61	0.82	58.55	1.51
0.5	0.50	0.71	175.18	14.21

6.5　面板高地震应力降低措施分析

6.5.1　面板坝轴向抗挤压措施研究

多座已建高面板堆石坝在运行期或遭遇地震时面板发生了挤压破坏现象（万里等，2007；陈生水等，2008；孔宪京等，2009）。作者课题组采用三维静、动力有限元方法，分析了高面板堆石坝面板的坝轴向应力分布规律，研究各种措施对面板挤压应力的影响，在此基础上建议改善面板应力的综合抗震对策。

采用典型的均质面板堆石坝为计算模型。坝高分别为 100、200 和 300m，上游坝坡为 1:1.4，下游坝坡为 1:1.6，河谷宽高比为 1:1，且为对称河谷。大坝分 20 层填筑，面板分三期浇筑，蓄水至坝顶以下 10m，面板厚度为 $(0.3+0.0035H)$m。

300m 面板堆石坝的三维有限元网格如图 6.40 所示，网格共有单元 11856 个，结点 12872 个。面板和坝体采用六面体等参元和少量退化的四面体单元。在面板与堆石体交界面、趾板与堆石体交界面设置 8 结点和 6 结点的空间 Goodman 接触面单元，面板竖缝、周边缝采用 8 结点空间接缝单元。接缝网格如图 6.41 所示。

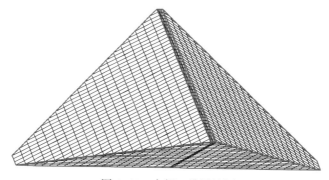

图 6.40　大坝三维网格图

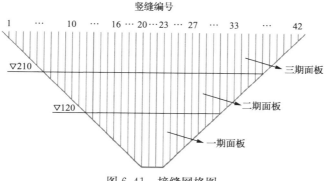

图 6.41　接缝网格图

静力计算材料参数见表 4.2,动力计算材料的动剪切模量系数见表 4.3,堆石料的归一化动剪切模量和等效阻尼比与动剪应变幅的关系采用作者等建议的平均值(孔宪京等,2001),如图 3.13 和图 3.14 所示。堆石料的永久变形参数采用某工程筑坝材料的试验成果,如表 6.9 所示。面板板间竖缝参数见表 3.10,面板与垫层接触参数见 3.11。

表 6.9　堆石料永久变形参数

材料	c_1	c_2	c_3	c_4	c_5
堆石	0.0157	0.76	0	0.0775	0.73

动力计算时,采用《水工抗震设计规范》中的规范谱人工波进行计算。地震波时程曲线如图 6.42 所示。其中,顺河向与坝轴向输入地震波峰值为 $0.4g$,竖向峰值取为水平向的 2/3。

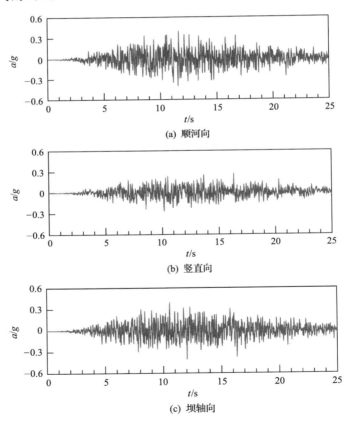

图 6.42　地震动输入加速度时程

图 6.43 给出了坝高为 300m 时震前满蓄期、地震时和震后面板沿坝轴向应力

分布。可以看出,震前满蓄期,面板沿坝轴向压应力最大值位于河谷中央靠近面板下部的区域,以压应力为主,面板两岸坝肩存在较小的拉应力。这是由于堆石体在自重以及水压力作用下,堆石体对面板产生指向河谷的摩擦力,使面板在坝轴向沿河床方向挤压。地震时,面板沿坝轴向静动(瞬时)叠加应力的最大值分布规律与满蓄时基本相同。但震后由于大坝发生整体沉陷,面板沿坝轴向压应力最大值增加且位置发生了变化,位于河谷中央的坝顶区域。

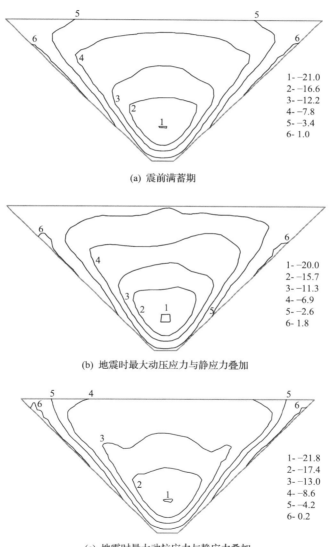

(a) 震前满蓄期

1- −21.0
2- −16.6
3- −12.2
4- −7.8
5- −3.4
6- 1.0

1- −20.0
2- −15.7
3- −11.3
4- −6.9
5- −2.6
6- 1.8

(b) 地震时最大动压应力与静应力叠加

1- −21.8
2- −17.4
3- −13.0
4- −8.6
5- −4.2
6- 0.2

(c) 地震时最大动拉应力与静应力叠加

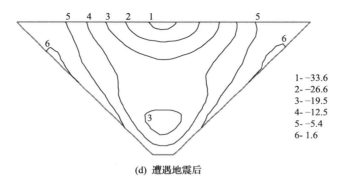

1- −33.6
2- −26.6
3- −19.5
4- −12.5
5- −5.4
6- 1.6

(d) 遭遇地震后

图 6.43　面板沿坝轴向应力(压为负,单位:MPa)

1. 竖缝模量对面板应力的影响

为保证面板坝止水结构的正常工作,一般会在面板之间设定具有一定强度的填充板。当填充板的压缩模量较高时,可能会造成河谷中央的面板应力集中,导致面板出现挤压破坏现象。因此,在挤压应力较大的受压区(竖缝 16#～27#)采用压缩模量较低的材料。计算了坝高为 300m 的 3 种竖缝材料方案,具体方案见表 6.10。

表 6.10　面板竖缝材料方案

方案	木材橡胶复合材料竖缝		备注
	填充位置	压缩模量/GPa	
方案①	16#～27#竖缝	0.1	其他竖缝材料均为沥青木板
方案②	16#～27#竖缝	0.05	
方案③	16#～27#竖缝一期与二期	0.1	
	16#～27#竖缝三期	0.05	

图 6.44 为震前满蓄期和遭遇地震后 21# 与 22# 竖缝所夹面板的坝轴向应力随高程的变化。由图可以看出,采用模量较低的竖缝填充材料后,无论震前满蓄期还是遭遇地震后,面板沿坝轴向挤压应力均有所减小,特别是方案②和方案③,震后坝轴向压应力降低 30% 以上。这是由于将填充板模量降低后,为面板向河谷中部的压缩变形提供了一定的变形空间,从而可以释放一部分应力。因此,对于高面板堆石坝,可在面板主要受压区的河谷部位采用压缩模量较低的填充材料,能有效减轻面板沿坝轴向的压应力集中。

表 6.11 为面板缝的相对位移最大值。由表可以看出,随着竖缝模量的降低,竖缝的压缩量与周边缝沿趾板方向的剪切位移随之增加。相比方案②,方案③对周边缝和竖缝的影响较小。

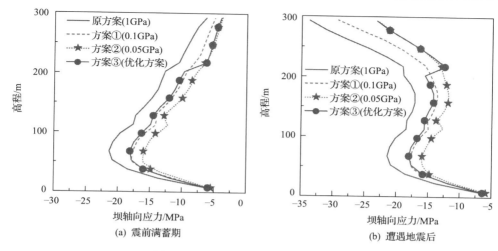

图 6.44　面板沿坝轴向应力(压为负)

表 6.11　面板缝的相对位移最大值

工况	方案	竖缝压缩模量/GPa	周边缝位移/cm				面板竖缝位移/cm			
			沿趾板走向剪切	面板法向剪切	压缩	张拉	顺坡向剪切	面板法向剪切	压缩	张拉
满蓄期	原方案	1.0	3.7	2.3	0	7.7	2.9	2.7	0.1	2
	方案①	0.1	4.1	2.2	0	8.0	3.4	2.8	0.7	2
	方案②	0.05	5.9	2.3	0	8.5	3.8	3.1	1.2	2
	方案③	优化	4.2	2.3	0	8.1	3.5	2.8	0.7	2.1
地震后	原方案	1.0	4.8	2.5	0	7.9	3.7	2.8	0.9	6
	方案①	0.1	5.8	2.4	0	8.3	3.9	2.9	1.1	6.5
	方案②	0.05	7.9	2.5	0	8.6	4.3	3.2	1.8	7.1
	方案③	优化	6.0	2.5	0	8.5	4	2.9	1.8	7.1

2. 面板与垫层料摩擦系数对面板应力的影响

面板沿坝轴向应力过大有一部分原因是垫层对混凝土面板的约束,是由于堆石体沉降时对混凝土面板的摩擦引起的。目前,在面板与其垫层材料之间已经尝试采用抗剪强度较低的材料(万里等,2007),如喷 2mm 厚的乳化沥青、采用土工膜或沥青油毡(摩擦角仅为 4°)等。为了分析面板与垫层之间的摩擦系数对面板的坝轴向应力影响,计算了 4 种方案:方案④为面板与垫层接触面的摩擦角采用 25°;方案⑤为面板与垫层接触面的摩擦角采用 10°;方案⑥为面板与垫层接触面的摩擦角采用 6°;方案⑦为面板与垫层接触面的摩擦角采用 4°。

图 6.45 为面板与垫层之间采用不同摩擦角材料后 21# 与 22# 竖缝之间面板

沿坝轴向应力随高程的变化。由图可以看出,随着摩擦系数的降低,满蓄期面板沿坝轴向应力逐渐减小,最大值位置有所上升。

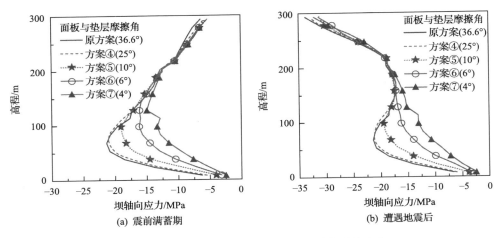

图 6.45　面板沿坝轴向应力(压为负)随高程的变化

表 6.12 为面板缝的相对位移最大值。由表可以看出,随着面板与垫层材料摩擦角的降低,周边缝相对位移增加。面板与垫层材料摩擦角的变化对周边缝的相对位移影响较大,主要是由于在水压力或强震作用下,面板与垫层之间采用较小的摩擦角材料后,垫层对混凝土面板的约束降低而导致二者更容易发生相对滑动。

表 6.12　面板缝的相对位移最大值

工况	方案	面板与垫层摩擦角/(°)	周边缝位移/cm				面板竖缝位移/cm			
			沿趾板走向剪切	面板法向剪切	压缩	张拉	顺坡向剪切	面板法向剪切	压缩	张拉
满蓄期	原方案	36.6	3.7	2.3	0	7.7	2.9	2.7	0.1	2.0
	方案④	25	4.3	2.4	0	7.8	3.2	2.7	0.1	1.9
	方案⑤	10	6.7	2.6	0	9.5	4.1	2.7	0.1	1.8
	方案⑥	6	8.0	2.7	0	10.3	5.2	2.8	0.1	1.8
	方案⑦	4	8.8	3.0	0	10.3	6.1	2.8	0.1	1.8
地震后	原方案	36.6	4.8	2.5	0	7.9	3.7	2.8	0.9	6.0
	方案④	25	5.1	2.4	0	8.1	4.0	2.8	0.2	5.8
	方案⑤	10	7.0	2.7	0	9.9	6.0	2.9	0.1	5.5
	方案⑥	6	8.1	2.8	0	10.5	6.2	2.9	0.1	5.5
	方案⑦	4	9.0	3.1	0	10.6	11.5	2.9	0.1	5.4

3. 挤压边墙对面板应力的影响

挤压边墙施工方法是在每填筑一层垫层料之前,采用挤压机沿上游坝坡挤压形成一道混凝土边墙。挤压边墙施工方法具有能保证垫层料压实质量、简化施工工艺、加快施工进度、节省工程投资等优点(关云航等,2006;陈志勇和苏礼臣,2010)。1999年,巴西ITA面板堆石坝在世界上首先使用挤压边墙技术,接着在其他一些国家新建混凝土面板堆石坝中得到应用。挤压边墙施工技术在我国的公伯峡、水布垭施工中得到应用,效果良好(李方平和廖光荣,2004)。

通过考虑挤压边墙这一因素,在挤压边墙与混凝土面板之间采用不同的表面处理措施,研究对面板沿坝轴向应力的影响。文献(侯文峻等,2008)采用试验方法研究了挤压边墙与混凝土面板接触力学特性。为了考虑其影响,计算了以下两种方案:方案⑧面板与挤压边墙间采用土工膜填料;方案⑨面板与挤压边墙间采用沥青油毡填料。其中,大坝的挤压边墙采用张建民等提出的挤压墙等效数值模型(张建民等,2005),其等效板的弹性模量为5GPa,厚24cm。两种方案面板与挤压边墙接触参数见表6.13。

表6.13　挤压边墙与面板接触面模型参数

接触面	K	n	c/kPa	φ/($^\circ$)	R_{f}
土工膜	21000	1.21	0	29	0.83
沥青油毡	15000	1.2	1.0	4	0.99

图6.46为采用挤压边墙后21#与22#竖缝之间面板沿坝轴向应力随高程的变化。由图可以看出,采用挤压边墙后,无论震前满蓄期还是震后,面板的坝轴向应力最大值均降低;挤压边墙对坝顶部面板轴向应力影响较大。这是由于挤压边

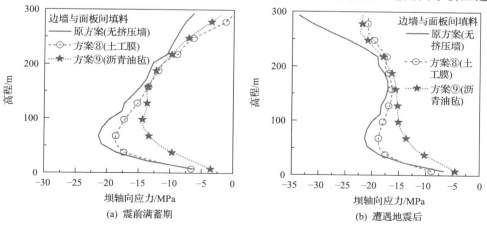

图6.46　面板沿坝轴向应力(压为负)随高程的变化

墙的存在,在面板与垫层之间起到缓冲作用。若面板与边墙间采用沥青油毡填料(接触摩擦角为4°),面板的坝轴向应力会大幅度降低。

表6.14为面板缝的相对位移最大值。可以看出,采用挤压边墙施工且面板与边墙之间的填料为土工膜,除了周边缝张开值稍有增大,面板周边缝和竖缝其他相对位移均降低。对比方案⑧和方案⑨,方案⑨的面板与边墙间采用沥青油毡填料,其接触面摩擦角仅为4°,面板和边墙易发生相对滑动而导致周边缝和竖缝的相对位移较大。由此可以看出,采用综合方案后,无论震前满蓄期还是地震后,面板的坝轴向应力最大值大幅降低,且除周边缝张开值稍有增大,周边缝和竖缝的其他方向相对位移值均减小。

表6.14　面板缝的相对位移最大值

工况	方案	挤压墙与面板材料	周边缝位移/cm				面板竖缝位移/cm			
			沿趾板走向剪切	面板法向剪切	压缩	张拉	顺坡向剪切	面板法向剪切	压缩	张拉
满蓄期	原方案	无挤压墙	3.7	2.3	0	7.7	2.9	2.7	0.1	2.0
	方案⑧	土工膜	2.6	1.7	0	7.3	2.1	2.3	0.1	0.5
	方案⑨	沥青	6.1	1.8	0	8.1	3.8	1.8	0.1	0.7
地震后	原方案	无挤压墙	4.8	2.5	0	7.9	3.7	2.8	0.9	6.0
	方案⑧	土工膜	2.9	1.7	0	9.2	2.0	2.3	0.5	2.0
	方案⑨	沥青	7.9	1.9	0	9.7	3.7	1.8	1.3	2.0

4. 面板抗挤压破坏综合抗震对策

以上可以看出,面板间主要受压区的竖缝模量降低后,面板挤压应力减小,但面板周边缝和竖缝相对位移增加。采用面板竖缝优化方案后,面板挤压应力降低的同时面板缝的相对位移有所增加,但幅度不大。

面板与垫层材料采用不同摩擦角时,虽然满蓄期面板挤压应力减小,但对震后面板顶部挤压应力影响不大,且随面板与垫层材料摩擦角减小,面板周边缝相对位移增加幅度较大。

当采用挤压边墙施工且面板与边墙之间的填料为土工膜时,面板挤压应力降低,面板周边缝和竖缝相对位移也减小。

因此,可以考虑综合采用挤压边墙施工、面板与边墙之间的填料为土工膜且面板竖缝布置采用优化方案(即方案③)。图6.47为采用综合方案后21#与22#竖缝之间面板沿坝轴向应力随高程的变化,表6.15为面板缝的相对位移最大值。

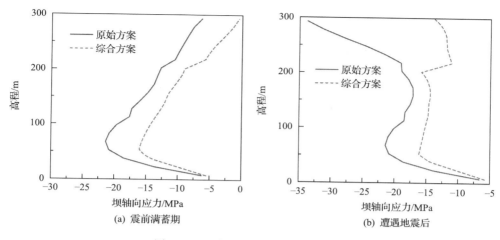

图 6.47　面板沿坝轴向应力(压为负)

表 6.15　面板缝的相对位移最大值

工况	方案	周边缝位移/cm				面板竖缝位移/cm			
		沿趾板走向剪切	面板法向剪切	压缩	张拉	顺坡向剪切	面板法向剪切	压缩	张拉
满蓄期	原方案	3.7	2.3	0	7.7	2.9	2.7	0.1	2.0
	综合方案	2.1	1.7	0	7.8	1.5	1.8	0.6	0.3
地震后	原方案	4.8	2.5	0	7.9	3.7	2.8	0.9	6.0
	综合方案	3.6	1.7	0	9.8	1.9	1.8	1.1	2.0

5. 小结

针对高面板堆石坝,采用三维静、动力有限元方法,分析大坝运行期和遭遇地震后面板的坝轴向挤压应力分布规律。为了防止面板出现挤压破坏,采取了不同的措施来减小面板的挤压应力,得到如下结论。

(1)满蓄时由于水压力的作用,堆石体对面板产生指向河谷的摩擦力作用,所以面板的坝轴向应力以压应力为主,最大值发生在河谷中部;地震后大坝发生整体沉陷,面板沿坝轴向压应力最大值增加,位于河谷中央的坝顶区域。

(2)随着坝高的增加,面板沿坝轴向压应力均逐渐增大。对于超过 200m 的高面板堆石坝,面板可能会发生挤压破坏。

(3)竖缝填充材料采用木材橡胶复合材料后,面板沿坝轴向挤压应力均有所减小。因此,在面板主要受压区的河谷部位的竖缝采用压缩模量较低的填充材料,能有效减轻面板沿坝轴向的压应力集中。

（4）采用挤压边墙施工技术后，面板的坝轴向应力最大值降低；挤压边墙对坝顶部面板沿轴向应力影响较大。当面板与边墙间采用沥青油毡填料时，面板与边墙之间易发生相对滑动而导致周边缝和竖缝的相对位移较大。

（5）采用挤压边墙施工、降低面板与边墙摩擦、面板竖缝填充材料优化布置后，面板的坝轴向应力最大值大幅降低，且除了周边缝张开值稍有增大，周边缝和竖缝的其他方向相对位移值均减小，是合理的面板综合抗震对策。

6.5.2　面板顺坡向地震高拉应力降低措施

如 3.2 节所述，地震荷载作用下，河谷处防渗面板的中上部会产生一定范围高拉应力区。强震时，该拉应力值可能超过混凝土的抗拉强度，这是造成面板破坏的潜在原因。本节在明确超高面板堆石坝防渗面板地震应力分布规律的基础上，提出在面板的高动拉应力区设置垂直于面板坡度方向的永久水平抗震缝工程措施，以释放顺坡向高动拉应力。通过对水平缝的设置高程和长度进行分析研究，给出了永久水平缝设置的合理、有效区域，便于工程实际应用，并建议在面板水平缝两侧垫层内采用柔性加筋辅助措施控制水平缝两侧面板的相对变形及错台。

计算模型采用了典型的面板堆石坝，坝高 300m，上游坝坡坡度为 1:1.4，下游坝坡取为 1:1.65（综合坝坡），河谷为岸坡坡度为 1:1 的对称河谷。大坝分 40层填筑，面板分三期浇筑，蓄水至坝顶以下 10m，面板厚度根据《混凝土面板堆石坝设计规范》（SL 228—98）取为 $(0.3+0.0035H)$m，H 为坝高。面板下方设置垫层区和过渡区。

大坝三维有限元网络如图 6.48 所示，共有 73648 个结点、71892 个单元。面板和坝体采用六面体等参单元和少量退化的四面体单元。在面板与堆石体交界面、趾板与堆石体交界面设置 8 结点和少量 6 结点的空间 Goodman 接触面单元，面板竖缝和周边缝采用 8 结点空间接缝单元。面板接缝及分期的布置如图 6.49所示。计算参数与 3.2 节所述的参数选择相一致。

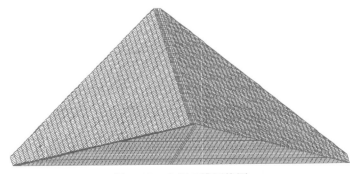

图 6.48　大坝三维网格图

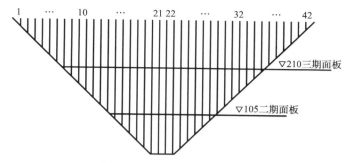

图 6.49 接缝及分期的布置

地震动输入峰值加速度采用《水工建筑物抗震设计规范》(DL 5073—2000)中的规范谱生成的人工波,如图 3.15 所示,顺河向地震动峰值加速度为 0.3g,竖向峰值加速度取为水平向的 2/3。

1. 水平缝设置高程

计算工况如表 6.16 和表 6.17 所示。

表 6.16 水平缝设置高程

参数	工况			
	1	2	3	4
水平缝高程	无缝	0.9H	0.85H	0.8H

注:H 为坝高。

表 6.17 水平缝长度

参数	工况		
	3	5	6
水平缝长度	L_0	0.2L	0.3L

注:L_0 为 0.85H 处面板总长度;L 为坝轴长。

图 6.50 给出了地震时 21# 与 22# 竖缝之间面板的瞬时(拉应力最大时刻)顺坡向动应力随高程的变化情况,表 6.18 汇总了不同水平缝设置高程对最大动拉应力的影响程度。由图 6.50(a)和表 6.18 可以看出,地震作用下面板上部地震应力较大,不同计算工况的面板中下部反应规律较一致,水平缝设置后,对面板上部顺坡向动应力的分布规律有较大影响。从图 6.50(b)和表 6.18 进一步看出,不设永久水平缝(工况 1)时,坝高 0.85H 处面板的瞬时顺坡向动拉应力高达 14.7MPa,在 0.85H(工况 3)设置水平缝后该高程处面板的动拉应力降至 6MPa 左右,此时整个面板动应力分布重新调整,最大值高程略向上移,调整后的动拉应力最大值为

9.4MPa,比不设缝时(工况1)降低了36.8%,效果最为明显。另外,分别在坝高0.9H处(工况2)和0.8H处(工况4)设置水平缝,同样可以看到面板动应力分布重新调整,最大值的高程下移或上移,调整后的面板动拉应力均降至11MPa左右,降幅20%以上,但均不如工况3(在瞬时顺坡向动拉应力最大处设置永久水平缝)减缓效果明显。

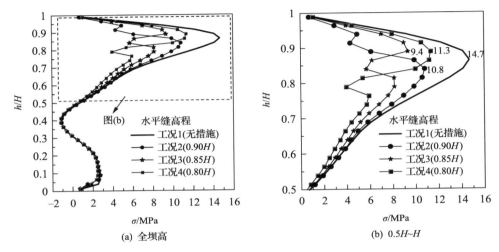

图 6.50   瞬时(拉应力最大时刻)顺坡向动应力随高程的变化

压为负

表 6.18   不同工况面板顺坡向瞬时最大拉应力比较

水平缝设置高程	瞬时顺坡向动应力		
	最大拉应力值/MPa	应力降低值/MPa	降低百分比
无	14.7	—	—
0.9H	10.8	3.9	27.0%
0.85H	9.4	5.3	36.8%
0.8H	11.3	3.4	23.6%

面板在地震荷载作用下真实的受力情况由地震前面板的应力状态和地震荷载作用下面板的动应力状态共同决定。表6.19和图6.51分别给出面板震前应力和地震瞬时(拉应力最大时刻)动应力叠加后的顺坡向应力随高程的变化情况以及4种工况下顺坡向静、动应力叠加值比较情况。由于地震前静顺坡向应力以压应力为主,最大压应力发生在河谷处1/3H附近,所以静、动叠加后顺坡向应力的分布规律相比地震瞬时(拉应力最大时刻)顺坡向动应力分布发生了一定改变。3种工况(工况2、3、4)对面板静、动叠加后的顺坡向应力均有一定的改善效果,且设置水平缝后面板应力最大值高程发生了变化,其中工况2(0.9H)和工况3(0.85H)对

顺坡向面板应力的改善效果比较明显,降幅均超过了 45%。且面板顺坡向应力最大值高程发生了变化。从图 6.50(b)、图 6.51(b)还可以看出,如果永久水平缝设置在面板顺坡向动拉应力最大处之上,则重新调整后的面板动拉应力最大值高程下移,反之上移。

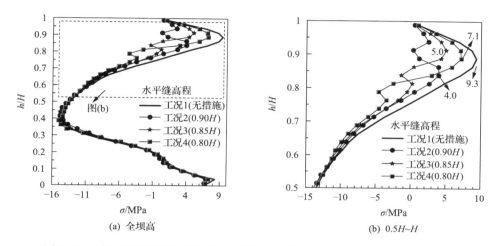

(a) 全坝高　　　　　　　　　　　　　　　　　　(b) 0.5H~H

图 6.51　瞬时顺坡向最大动拉应力与震前应力叠加后顺坡向应力随高程的变化

压为负

表 6.19　面板顺坡向震前应力与地震瞬时(拉应力最大时刻)动应力叠加

水平缝设置高程	顺坡向应力		
	最大应力值/MPa	应力降低值/MPa	降低百分比
无	9.3	——	——
0.9H	4.0	5.3	59%
0.85H	5.0	4.3	46%
0.8H	7.1	2.2	24%

进一步计算分析不同坝高、不同河谷岸坡坡度条件下高面板坝顺坡向面板动拉应力最大值的高程位置列入表 6.20。可以看出,地震时 150～300m 面板堆石坝顺坡向动拉应力最大值发生高程可大致框在 0.75H～0.85H 范围内,如前所述,在顺坡向动拉应力最大处设置永久水平缝可大幅降低面板动拉应力,因此表 6.20 给出的不同坝高、不同河谷岸坡坡度对应的高程 H_0,可作为面板永久水平缝设置高程,其有效范围可向上、下各延伸适当高度(建议为 0.05H)。该有效范围与图 3.35 示意的顺坡向动拉应力区一致,可作为高混凝土面板坝永久水平缝设置参考。需要指出,仅给出了面板设置永久水平缝的方法及其不同高度面板坝大致的有效范围,工程应用还应根据实际混凝土面板堆石坝计算分析确定。

表 6.20　面板瞬时顺坡向动拉应力最大值高程 H_0

坝高/m	岸坡坡度		
	1∶0.5	1∶1	1∶1.5
150	0.80H	0.80H	0.75H
200	0.75H	0.75H	0.75H
250	0.80H	0.85H	0.80H
300	0.80H	0.85H	0.85H

2. 水平缝长度设置

面板顺坡向地震瞬时(拉应力最大时刻)动应力呈准椭圆形分布,其最大值位于河谷中部坝段上部,且向两岸逐渐递减。因此,可以沿坝轴向在河谷中部坝段面板动拉应力较大范围内局部设置水平缝,即可有效地减缓面板顺坡向动拉应力,保障面板的安全性。

图 6.52 为 300m 面板坝在 $0.85H$ 处分别设置长度为 $0.2L$、$0.3L$、L_0 的水平缝时,该高度处面板瞬时顺坡向动拉应力沿坝轴变化的情况,L 为坝轴长,L_0 为 $0.85H$ 处面板总长度。由图可以看出,随着水平缝长度的增加,面板顺坡向动拉应力改善范围逐渐增大。当水平缝沿坝轴贯穿整个面板时,面板应力沿全断面改善十分明显,且应力变化光滑连续。当设置长度为 $0.2L$(工况 5)和 $0.3L$(工况 6)时,河谷中部坝段面板动拉应力改善也较明显,且规律大体一致,即在水平缝两端处出现了应力突变。值得注意的是,当缝长为 $0.3L$ 时,缝两端动拉应力值与河谷中线处相当,可见该水平缝发挥了最优的应力控制效果。因此,建议沿轴向水平缝的长度可取为 $0.3L$ 左右。

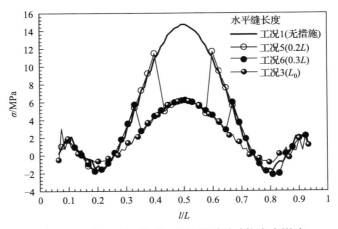

图 6.52　水平缝长度对面板地震瞬时动拉应力影响

图 6.53 给出在面板 0.85H 处设置长为 0.3L 的永久水平缝时,面板顺坡向震前应力与地震瞬时(拉应力最大时刻)动应力叠加后面板的应力分布情况。由图可以看出,面板应力仍主要以压应力为主,仅在河谷中部坝段中上部区域以及岸坡附近出现了拉应力。但由地震动应力导致的高拉应力区明显缩小,由此可见,建议的永久水平缝设置不但可以降低地震作用时面板的动拉应力值,还可有效缩小高拉应力区范围。

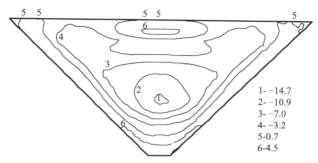

图 6.53　面板顺坡向震前应力与地震瞬时最大动拉应力叠加后顺坡向应力
压为负

3. 小结

(1)建议根据面板坝地震响应分析结果,在河谷中部坝段面板上部顺坡向动拉应力最大(高程)处设置永久水平缝,其缝长取 0.3L(L 为坝轴长度)。300m 级典型面板坝计算结果表明,建议的方法可使顺坡向面板拉应力(静、动叠加)降低45%以上。

(2)尽管永久水平缝的最佳设置高程是面板顺坡向动拉应力最大(高程)处,但只要在其±0.05H(H 为坝高)的有效范围内设置,均能获得较好的减缓效果,面板顺坡向拉应力的降幅不会低于20%。此外,设置永久水平缝后面板动应力分布重新调整,最大值的高程上移或下移。

(3)考虑构造要求,永久水平缝应垂直于面板坡度方向并采用张性缝的结构形式进行设置,缝内应埋设止水铜片。此外,为防止水平缝两侧面板不协调变形发生错台,在缝两侧一定范围可采用柔性加筋技术等。

6.6　高面板堆石坝工程抗震措施应用

6.6.1　卡基娃面板堆石坝

卡基娃水电站是木里河干流(上通坝—阿布地)河段"一库六级"(自上而下依

次为上通坝、卡基娃、沙湾、俄公堡、固增及立洲水电站)开发方案中的第二级,位于四川省木里县唐央乡,电站地处高山峡谷,远离人口稠密和交通发达地区,对外交通条件较差。坝址距木里县城约 178km,距西昌市约 424km。

　　拦河大坝为混凝土面板堆石坝。大坝顶高程 2856.00m,河床段趾板建基面高程 2692.00m,最大坝高 171m,坝顶宽 11m,坝顶长 355m,大坝立面宽高比为 2.08∶1。上游坝坡 1∶1.4,下游坝坡设置三级 5m 宽马道,第一台马道以上坝坡为 1∶1.5,其下两台马道间坝坡均为 1∶1.4,综合坝坡为 1∶1.496。

　　根据卡基娃场地地震安全性评价成果,大坝设计烈度采用场地基本烈度为 7度,设计地震加速度代表值的概率水准取基准期 50 年内超越概率 10%,相应基岩地震水平动峰值加速度为 $a_h=149\text{cm/s}^2$。取基准期 100 年内超越概率 2% 对大坝进行抗震稳定校核,相应基岩地震水平动峰值加速度为 $a_h=310\text{cm/s}^2$。

　　采用坝内土工格栅加固时,在坝顶区域(2820m 高程以上)铺设土工格栅。土工格栅在坝高方向层间距为 2.4m,长度为 20m,每延米纵向拉伸力取 120kN(格栅的极限抗拉强度)。

　　有限元动力稳定计算结果表明,未采用加固措施时,大坝下游坝坡最小安全系数为 1.23(设计地震)和 0.74(校核地震)。采用土工格栅加固后,大坝下游坝坡最小安全系数为 1.36(设计地震)和 1.01(校核地震)(余挺等,2014)。

6.6.2　茨哈峡砂砾石面板坝

　　茨哈峡水电站是黄河干流龙羊峡上游 3000m 高程以下茨哈至羊曲河段梯级开发的第一个梯级,坝址区位于兴海县与同德县交界处的班多峡谷内,是一座以发电为主的大型水利枢纽工程,工程规模为一等(Ⅰ)大型工程。水库正常蓄水位 2990.0m,总库容 41.04 亿 m³,电站装机容量 2000MW。

　　拦河大坝采用混凝土面板堆石坝。茨哈峡混凝土面板坝最大坝高为 253m,为目前已建同类型工程中坝高最高的面板坝之一,坝顶高程 2998m,坝顶上游侧设"L"形防浪墙,坝顶宽 15m,上游坝坡比为 1∶1.6～1∶1.5,下游坡比为 1∶1.5～1∶1.4。

　　根据茨哈峡场地地震安全性评价成果,大坝场地地震基本烈度为 7 度,设防烈度为 8 度,100 年超越概率 2% 的基岩峰值加速度为 0.266g,100 年超越概率 2% 的基岩峰值加速度为 0.325g。

　　采用坝内钉结护面板加固时,在坝顶区域(2947m 高程以上)铺设钉结护面板。钢筋直径为 20mm,在坝高方向层间距为 2m,长度为潜在滑动面到下游坝坡水平距离 2 倍,钢筋沿坝轴向间距 1m。

　　有限元动力稳定计算结果表明,未采用加固措施时,大坝下游坝坡最小安全系数为 0.77(设计地震)和 0.68(校核地震)。采用钉结护面板加固后,大坝下游坝坡最小安全系数为 1.06（设计地震）和 0.97（校核地震）（孔宪京等，2013）。

6.6.3　古水面板堆石坝

古水水电站位于澜沧江上游河段，地处云南省迪庆州德钦县佛山乡，距德钦县城 46km（上坝址），坝址以上流域面积为 83500km²。

古水水电站工程布置代表性方案挡水建筑物为面板堆石坝，水库总库容 18.38×10⁸ m³，装机容量为 1900MW。工程等别为一等，工程规模为大型（I），挡水、泄洪及引水发电系统等主要建筑物为一级建筑物。电站正常蓄水位 2267.00m，校核洪水位 2277.43m，死水位 2235.00m，调节库容 6.72×10⁸ m³，具有季调节性能。混凝土面板堆石坝坝顶高程 2287m，最大坝高 245m，坝顶长 437m，坝顶宽 20m，上游坝面坡比为 1∶1.5，下游坝坡 1∶1.5（下部）、1∶1.6（上部）。

根据古水场地地震安全性评价成果，大坝场地地震基本烈度为 7 度，设防烈度为 8 度，设计地震 100 年超越概率 2%地震动峰值加速度为 0.286g，校核地震 100 年超越概率 1%的地震动峰值加速度为 0.34g。

面板抗震措施中，为降低面板坝轴向动应力，面板中部压性缝内间隔填充材料，共计 10 条缝设有填充材料，缝宽按 1cm 设计，填充 1cm 等厚的复合橡胶板。为降低面板顺坡向动应力，大坝二期与三期面板连接处设置一条水平结构缝，长度 288m。

面板抗震措施结果表明，采用垂直缝填充后，与常规方案相比，震前由 12.3MPa 降低至 10.2MPa，震后由 14.0MPa 降低至 11.0MPa，平均降低幅度 20%左右。采用了水平缝方案后，古水大坝的面板顺坡向最大动拉应力由 4.5MPa 降低至 3.6MPa，降幅达 20%，且对水平结构缝周围的应力影响更大，降幅近 50%（孔宪京等，2014）。

参 考 文 献

毕静. 2009. 加筋粗粒土变形和强度特性的研究. 大连：大连理工大学硕士学位论文

陈生水，霍家平，章为民. 2008. 汶川"5·12"地震对紫坪铺混凝土面板堆石坝的影响及原因分析. 岩土工程学报，30(6)：795-801

陈志勇，苏礼臣. 2010. 面板堆石坝挤压边墙施工技术. 水利建设与管理，(6)：6-9

关云航，王章忠，向红卫. 2006. 混凝土面板堆石坝挤压边墙施工技术. 红水河，25(1)：26-28

侯文峻，张嘎，张建民. 2008. 面板堆石坝挤压式边墙与面板接触面力学特性研究. 岩土工程学报，30(9)：1356-1360

贾金生，马锋玲，李新宇，等. 2006. 胶凝砂砾石坝材料特性研究及工程应用. 水利学报，37(5)：578-582

孔宪京，娄树莲，邹德高，等. 2001. 筑坝堆石料的等效动剪切模量与等效阻尼比. 水利学报，(8)：20-25

孔宪京，邹德高，周扬，等. 2009. 汶川地震中紫坪铺混凝土面板堆石坝震害分析. 大连理工大学学报，49(05)：667-674

孔宪京，邹德高，徐斌，等. 2013. 茨哈峡水电站特高砂砾石面板坝抗震稳定性分析及抗震措施研究. 大连：

大连理工大学

孔宪京，邹德高，周扬，等. 2014. 300m 级高面板堆石坝抗震安全性及工程措施研究子题报告——高面板堆石坝动力反应特性及抗震安全研究. 大连：大连理工大学

李方平，廖光荣. 2004. 水布垭水利枢纽混凝土面板堆石坝挤压边墙施工技术. 水利水电技术，35（4）：40-42

万里，罗永祥，黄刚，等. 2007. 马来西亚巴贡混凝土面板堆石坝面板抗挤压破坏措施探讨. 西北水电，（4）：37-39

余挺，孔宪京，邹德高，等. 2014. 四川省木里河卡基娃水电站大坝板岩料利用和下游坝坡抗震措施设计优化专题报告. 成都：中国电建集团成都勘测设计研究院有限公司、大连理工大学

张建民，张嘎，刘芳. 2005. 面板堆石坝挤压式边墙的概化数值模型及应用. 岩土工程学报，27（3）：249-253

Batmaz S. 2003. Cindere dam-107 m high roller compacted hardfilldam(RCHD) in Turkey//Proceedings 4th International Symposium on Roller Compacted Concrete Dams. Madrid：121- 126

Hirose T，Fujisawa T，Yoshida H. 2003. Concept of CSG and its material properties//Proceedings 4th International Symposium on Roller Compacted Concrete Dams，Madrid

Londe P，Lino M. 1992. The faced symmetrical hard-fill dam：a new concept for RCC. Water Power and Dam Construction，44（2）：19-24

Stevens M A，Linard J. 2002. The safest dam. Journal of Hydraulic Engineering，（2）：139-142